站在巨人的肩上

Standing on Shoulders of Giants

TURING

图灵教育

iTuring.cn

站在巨人的肩上
Standing on Shoulders of Giants
TURING
图灵教育
iTuring.cn

TURING 图灵新知

镜中的宇宙

Hitoshi Murayama

消失的粒子与幸存的世界

[日] 村山齐 —— 著
逸宁 —— 译

人民邮电出版社
北京

图书在版编目（CIP）数据

镜中的宇宙：消失的粒子与幸存的世界 /（日）村山齐著；逸宁译. -- 北京：人民邮电出版社，2019.6
（图灵新知）
ISBN 978-7-115-49583-9

Ⅰ. ①镜… Ⅱ. ①村… ②逸… Ⅲ. ①宇宙－普及读物 Ⅳ. ①P159-49

中国版本图书馆CIP数据核字（2018）第228835号

内容提要

我们以及我们的物质世界，为何能存在于宇宙？物质与反物质成对湮灭，应当使得宇宙中空无一物，但一部分反物质却神秘消失，物质世界因而得以幸存。这背后的神秘“力量”究竟是什么？

本书围绕“我们为何存在于宇宙”这一问题，从可感的物质世界出发，层层深入至微观粒子世界，结合基本粒子标准模型的体系，一路探索至中微子与反物质及物质世界间的隐秘关系。本书不只沉潜于对前沿研究的讲解，更是一部激荡人心的自然解谜佳作，能够让读者体会到自然探索中的感动与沉醉。

◆ 著　　　　［日］村山齐
　译　　　　逸　宁
　责任编辑　武晓宇
　装帧设计　broussaille私制
　责任印制　周昇亮
◆ 人民邮电出版社出版发行　　北京市丰台区成寿寺路11号
　邮编　100164　　电子邮件　315@ptpress.com.cn
　网址　http://www.ptpress.com.cn
　大厂聚鑫印刷有限责任公司印刷
◆ 开本：880×1230　1/32
　印张：6
　字数：106千字　　　　2019年6月第1版
　印数：1－4 000册　　　2019年6月河北第1次印刷
　著作权合同登记号　图字：01-2017-3138号

定价：49.00元

读者服务热线：(010)51095183转600　印装质量热线：(010)81055316
反盗版热线：(010)81055315
广告经营许可证：京东工商广登字20170147号

前言

我们的身体是由物质组成的。除此之外，我们身边的一切，甚至包括地球、太阳等天体也是由物质构成的。可以说，我们生存在被物质包围的环境之中。如果将物质层层分割，就会来到原子的层级。原子（atom）一词源自古希腊语 atomos，意思是“不可继续分割的”。在原子发现之初，人们为了表明它是构成物质的最基本粒子，故将其命名为原子。

然而，之后的研究表明，原子并不是最基本的粒子，它是由带正电的原子核与带负电的电子构成的。后来的研究进一步发现，原子核由质子和中子构成，而质子与中子又分别由三个夸克构成。除此之外，一些新的基本粒子也相继被发现。

在发现上述这些基本粒子的同时，研究者还发现任何物质都存在与之对应的反物质。既然原子中存在电子和质子等粒子，那么也一定存在与这些粒子相对应的反物质。

1932 年，美国物理学家安德森从宇宙射线中发现了反物质。随后，约里奥 - 居里夫妇（居里夫人的女儿及女婿）在 1933 年制造出了电子的反物质——正电子，这是人类首次成功制造出反物质。此外，1955 年研究人员在加利福尼亚大学伯克利分校利用大型基本粒子加速器，成功制造出了质子的反物质——反质子。

根据现阶段的基本粒子理论可知，一种物质势必和它相对应的反物质同时产生，研究者将这一现象称为“成对产生”。此外，一旦某种物质遇到与其相匹配的反物质，两者间就会发生“成对湮灭”现象，那么这种物质和它的反物质都会就地消失。不过，它们只是作为“物质”消失了，消失之后会产生等同于二者质量总和的能量。也就是说，“成对湮灭”可以看作是将物质与反物质的质量转变成能量的现象，而由这一现象产生的能量又会被用于生成其他的物质及其反物质。

物质与其对应的反物质一定具有相同的质量，然而它们的电性却是相反的。如果物质带正电，那么其反物质则带负电。

举例来说，我们无法自己看见自己的脸。虽然在化妆等情况下，我们可以通过镜子看见自己的脸，但严格来说，映在镜子中的脸并不是自己的脸。镜中的脸与实际的脸是左右相反的，所以即便看起来几乎一模一样，也无法说镜中的脸就是自己的脸。

物质与反物质的关系很像镜子内外“两个自己”的关系。我们把类似于镜子内外两个世界中某种要素正好相反的性质称为“对称性”。不过，反物质与物质的“对称性”并不是在影像上的左右相反，而是在电性上相反。

我们眼前世界中的一切都是由物质构成的，冰激凌也是如此。即使存在由反物质构成的冰激凌，我们也无法从外观去识别出来，因为反物质和物质对光的反应是完全一样的。此外，它们还具有相同的质量，所以很难将其区分开来。

不过，如果我们用手去拿反物质冰激凌，那麻烦可就大了。因为我们的身体是由物质构成的，所以如果接触到由反物质构成的冰激凌，就会发生大规模的湮灭，从而导致我们痛失手臂。这听起来令人毛骨悚然，不过在发生湮灭时，如果我们损失的只是一只手，那么这样的结果尚且算得上是幸运了。

大家知道爱因斯坦根据相对论推导出的著名公式 $E = mc^2$ 吧？这个方程式表明，质量等同于能量，并且二者可以相互转换。前文提到过，物质与反物质碰撞发生湮灭后会转化成能量，这就是根据上面的公式推导出来的。

在这一公式中，E 表示能量，m 表示质量，也就是重量。此外，c 表示光速。也就是说，能量和质量可以相互转换。由于公式右边是质量乘以光速（约为每秒 3 亿米）的二次方，因此即便是微乎其微的质量，如果将其全部转换成能量，也将是非常巨大的。

如果将物质的质量全部转换成能量，即能量转化效率为 100% 的话，那么由此所产生的巨大能量大约是汽车发动机中汽油爆燃时释放能量的 3 亿倍。也就是说，在质量相同的情况下，反物质与物质发生碰撞产生的能量相当于汽油所释放能量的 3 亿倍。

单从这个角度来看，反物质似乎是一种十分理想的能源，因此它也经常在科幻作品中露面。在美国电视连续剧《星际迷航》（*Star Trek*）中，反物质作为“进取号”星舰的燃料为其提供飞行动力，而小说《天使与魔鬼》的故事则是从一名科学家瞒着研究所所长私自研制出 0.25 克反物质开始讲起的。

也许有人会想，不就是 0.25 克吗，有什么大不了的？事实上，如果 0.25 克的反物质遇到相同质量的物质就会产生巨大的能量，威力相当于第二次世界大战期间投掷在日本广岛的原子弹。幸亏在我们身边不存在反物质，这样我们才能过上如此和平安全的生活，否则后果将是不堪设想的。

不过，制造 0.25 克反物质的总费用约高达 10^{22} 日元，所以大学和企业几乎不可能制造出反物质。在《天使与魔鬼》中，科学家花掉了那么多钱却没有被所长发现，我想他们一定有巨额的研究经费，真是一家令人羡慕的研究所。（笑）

消失的反物质

在日常生活中，我们是不会遇到反物质的，但在宇宙中情况如何呢？其实，即使在浩瀚的宇宙空间内也几乎搜寻不到反物质的身影。不过，如果让时光倒回到宇宙诞生之初，我们应该就能发现大量的反物质了。

宇宙诞生后紧接着发生了大爆炸，大量的能量以光和热的形式释放出来。在这种环境下，我们的宇宙根本不用花费巨资就创造出了大量反物质。当然，产生反物质的同时也就产生了物质，所以当时的宇宙中也存在大量的物质。我们认为在宇宙形成初期，宇宙的规模要远远小于现在的宇宙，当时的物质与反物质就在初生宇宙的小空间中，不断重复着诞生和消亡。

后来，宇宙的规模不断扩大，温度也逐渐下降，整个宇宙开始冷却下来。此时，物质与反物质相遇的频率也逐渐降低，但只要二者相遇就会转化成能量。另一方面，随着能量密度的不断降低，宇宙中产生物质与反物质的频率也不断降低。如此一来，在宇宙形成初期产生的物质与反物质就几乎荡然无存了。

实际上，在现在的宇宙中我们几乎找不到任何反物质，而物质却被很好地保留了下来。宇宙中璀璨夺目的恒星和星系、地球和月亮，还有在地球上生活着的我们，都是由物质构成的。这究竟是怎么一回事呢？

我们通过研究和计算发现，物质的数量实际上要比反物质多（约比反物质多十亿分之二）。即使所有的反物质都和物质发生了湮灭反应，宇宙中仍然会残留一部分物质。但是，物质与反物质在任何情况下都是成对产生的，所以二者数量应该正好相等。另外，它们只有成对相遇时才能发生湮灭，那么物质与反物质消亡的数量也应该相同。由于任何一方都无法单独消亡，通常来说宇宙中应该什么都不会留下，从而形成一个既没有物质也没有反物质的世界。

然而，我们却存在于宇宙之中。物质和反物质本来应该数量相同，是不是有谁将一部分反物质转化成物质了呢？否则不会出现现在的情况。但是，反物质会如此顺利地转变成物质吗？

这确实是关系到我们生死存亡的重大问题。反物质是如何消失的呢？其实，这一谜题可能即将被人类解开。

我们认为问题的关键在于中微子这一微小粒子。随着对中微子研究的不断深入，我们发现它具有非常不可思议的性质，甚至可能与暗物质及宇宙暴胀存在密不可分的关系。我们能够在宇宙中诞生可能也是中微子的眷顾和馈赠。此外，我们还发现希格斯玻色子、宇宙暴胀以及暗物质等要素都是人类诞生的必要条件。接下来，就让我们逐步解开这一谜题，一起来思考我们为何存在于宇宙吧！

目录

内文插画：齐藤绫一

内文图版：Sakura 工艺社

协作方：Kavli IPMU、朝日文化中心新宿教室

第 1 章
腼腆的中微子

1. 首尾相接的“宇宙之蛇”

对于“我们为何存在于宇宙”这一问题，如果我告诉大家“这一切可能与中微子有关”，大部分人可能会一头雾水，甚至有人会很惊讶，觉得我在胡说八道。

在进入正题之前，让我们先来思考一下宇宙的大小。我们在日常生活中使用的物品，例如笔记本、钢笔等文具，长度大概只有十几厘米，而我们的身高最多也只有几米。随着尺寸的不断扩大，车站、百货商店等建筑可高达数十米，东京塔、东京晴空塔等建筑则可高达数百米。像富士山和珠穆朗玛峰这样的高山海拔可高达数千米。此外，地球的直径约为 1.3 万千米，地球与太阳之间的距离约为 1.5 亿千米，太阳与海王星之间的距离约为 45 亿千米。像这样，表示大小的数字在不断增大。

当然，宇宙更加辽阔。太阳系的外侧是浩瀚的银河系，银河系的外侧则遍布着以仙女座星系为代表的诸多星系，它们共同聚集构成了星系团。如果照此扩大观察的尺度，可以说宇宙是无边无际的。

由于大爆炸产生的光能传播的最远距离大约为 10^{27} 米，因此我们尚不了解超出这个距离之外的情况。不过，我们已经把宇宙的可知范围扩大到了比笔记本和钢笔的尺度大 29 个数量级的程度。可以说这种尺度的宇宙是非常巨大的。

不过，随着对宇宙研究的不断深入，我们发现除了大的物体以外，微小的物质同样至关重要。如果把笔记本和钢笔的尺寸再继续缩小，就会进入原子、原子核、基本粒子的微观世界。虽然现在的宇宙大到让我们无法想象，但如果时光能够倒流，宇宙就会不可思议地不断缩小。另外，我们发现宇宙在刚诞生的时候，是非常微小且炽热的。因此，要想查明宇宙如何诞生、如何演变为现在的模样，我们还必须了解微小的世界。

为了真正理解无比巨大的宇宙，竟然得去研究微小的基本粒子世界，这真是太有趣了。我不禁想起了希腊神话中的衔尾蛇。这条蛇在吞食自己的尾巴时，躯体会呈现为圆环状，它仿佛象征着和谐的宇宙。如果将蛇头比作整个宇宙，蛇尾比作基本粒子，那么宏大的宇宙和基本粒子的微观世界就可以像衔尾蛇吞食着自己的尾巴那样衔接在一起（图 1-1）。宇宙与基本粒子之间仍然存在很多未解之谜，世界上许多研究者都对此产生了浓厚的兴趣。

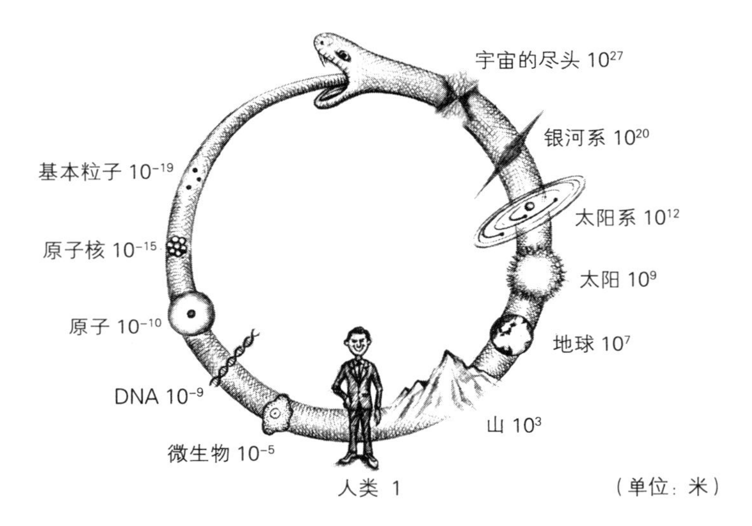

图 1–1　衔尾蛇与和谐的宇宙　在希腊神话中出现的衔尾蛇会吞食自己的尾巴。我认为我们的世界也是这样的结构，即宏大的宇宙与微小的基本粒子衔接在一起

2. 未知的“黑暗乐园”

宇宙究竟由什么构成，其实我们尚未完全了解。2003 年，由美国国家航空航天局（NASA）发射的观测卫星“威尔金森微波各向异性探测器”（WMAP）成功测得了宇宙的能量明细。听起来我们似乎已

经搞清楚了宇宙的成分，然而事实并非如此。只要提起宇宙，我们就会想到璀璨的繁星和绚烂的星系，然而它们的总量仅占整个宇宙的 0.5% 左右。此外，在本书后文中即将为大家介绍的中微子，在宇宙中所占的比例为 0.1% ~ 1.5%，也属于宇宙中的少数派，甚至连由构成我们身体的原子所构成的所有物质也仅占整个宇宙的 4.4% 左右。即使将以上所有物质都加在一起，其占比也仅为宇宙整体的 5% 左右，远远达不到 100%。

世间万物都由原子构成，这是我们在学校学到的知识。但是，宇宙中的原子总量甚至不到宇宙整体的 5%，所以这句话其实是完全错误的。我真希望涉及这部分内容的教科书能够尽早得到修订。以前，我们一直认为物质是宇宙的全部，然而物质在宇宙中只是微不足道的少数派。

那么，其余的大部分是什么呢？对于人类来说目前这仍是未解之谜。WMAP 的观测结果显示，暗物质占宇宙能量总体的 22% 左右，暗能量则为 72% 左右。虽然物质与这两部分相加后，可以在比例上圆满地凑成 100%，但我们尚不了解暗物质和暗能量究竟是什么。我们只不过是给未知的神秘物质和能量起了临时的名字罢了（图 1-2）。

不过，暗物质这种不可思议的物质，与恒星及星系的诞生和演化等问题存在密不可分的关系，也与“我们为何存在于宇宙”之谜息息相关。中微子的“亲戚”被认为是暗物质的有力候选者之一。另一方面，暗能量则与宇宙的未来密切相关。虽然现在人类已经证实宇宙正在不断膨胀，但不久前我们还一直认为宇宙的膨胀速度是在逐渐减缓的。然而研究发现，宇宙的膨胀速度竟然在不断加快。我们认为这很有可能是暗能量造成的。

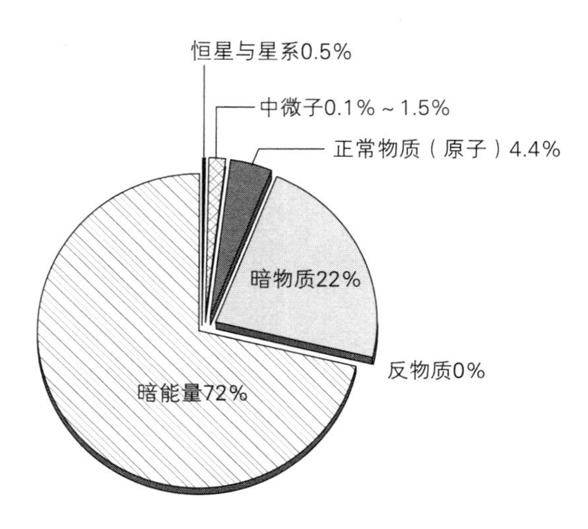

图 1-2　宇宙的能量结构　正常物质约占宇宙整体的 5%，宇宙的其余部分仍是未解之谜（图中比值均为近似值）

3. 宇宙中充满了中微子

从宇宙的构成要素来看，中微子仅占宇宙整体能量的0.1% ~ 1.5%，它在整个宇宙中似乎没有什么存在感。但是，如果从其他角度来看结果会如何呢？前文从能量的角度分析了宇宙的构成，接下来就让我们从粒子数量的角度进行比较吧。

虽然暗物质的能量约占宇宙总能量的四分之一，但从粒子的数量来看，每立方厘米的空间中仅包含大约千万分之一个暗物质粒子。然而在相同大小的空间内，中微子的数量却多达300个（图1-3）。

如果要统计构成物质的粒子的数量，那么中微子就是宇宙中数量最多的粒子。构成我们身体的质子、中子和电子等粒子仅占中微子数量的十亿分之一。其实，宇宙中充满了中微子。每立方厘米的空间内包含300个中微子，这意味着在宇宙的任何角落都存在中微子。而且，太阳等恒星还会不断生成大量的中微子，每秒都有数百万亿个中微子穿过我们的身体。尽管如此，但我们却全然不知，这究竟是为什么呢?

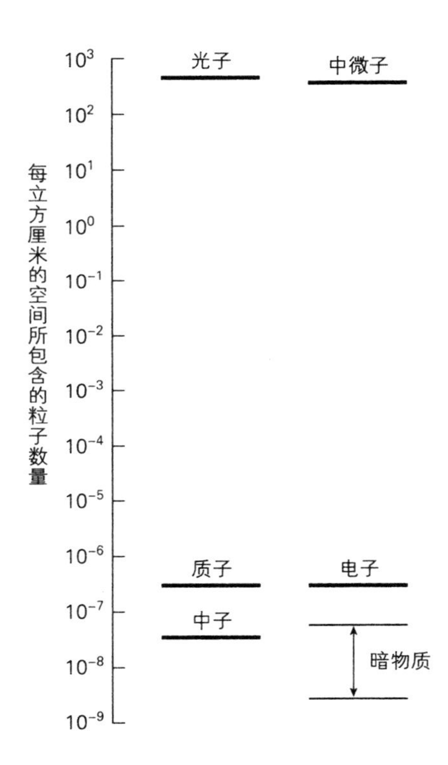

图 1–3 粒子的数量 与遍布于宇宙中的其他粒子相比，光子和中微子在数量上具有压倒性的优势

其实，中微子是一种十分“腼腆”的粒子。我们要想发觉某个地方存在粒子，就需要粒子能对力产生反应。由于质子和中子能对引力产生反应，所以只要它们与其他粒子发生碰撞，我们就能注意到它们的存在。但是，中微子对引力和电磁力都不能产生反应，所

以它可以肆无忌惮地穿过我们的身体而不被发觉。

那么，我们怎样才能获知中微子的存在呢？最简单的方法就是放置大量物质。即便是同一个车站的站台，在早高峰时段和白天的低峰时段也会呈现出不同的景象。早高峰时段车站内人山人海，我们常常会陷入内心焦急却寸步难行的窘境。有时人潮过于拥挤，即使很注意脚下也难免会撞到他人。

同样，假如在某处放置大量物质，应该偶尔会有一两个中微子“啪”地撞上来。如果我们要尝试捕捉来自太阳的中微子，那么需要放置多少铅块才可以让中微子与其发生碰撞呢？计算显示，只有把铅块堆积至 3 光年左右的厚度，才能确保中微子与其发生一次碰撞。3 光年是指光以每秒 30 万千米的速度传播 3 年所经过的距离，几乎相当于太阳与离它最近的恒星之间的距离。地球上不存在数量如此庞大的铅，即使存在，人类也无法实现规模如此巨大的堆积作业。中微子如此腼腆，又罕见地不与其他物质发生反应，这种如同幽灵般的基本粒子让人无法知晓它的存在。

4. 探索原子的世界

我们自身和周边的所有物质都是由原子构成的。通过对原子的深入研究，我们发现原子由位于原子中心的原子核和围绕原子核转动的电子构成。因此，经常有人用太阳系的结构类比原子的结构。

人类从 19 世纪 90 年代后期开始逐渐了解原子的内部结构。1897 年，英国物理学家约瑟夫・约翰・汤姆森发现，当向几乎处于真空状态的、类似于荧光灯的玻璃管两端施加高电压时，由此产生的阴极射线其实是一种微小的粒子。他将这种粒子命名为电子。

除了阴极射线这样的放电现象之外，人类还陆续发现了高温物体放电和光电效应（光照射到金属上释放出电子）等现象，从而认识到在原子内部还存在电子。

电子是带负电的微小粒子。由于原子基本都呈现电中性，因此我们推断原子内部一定存在某种带正电的物质。关于原子的内部结构，研究者提出了以下两种假说。

第一种是葡萄干蛋糕模型。该假说认为电子就像葡萄干一样被揉进了原子这块蛋糕里，并均匀地散落其中。第二种是太阳系模型。该假说认为电子如同太阳系的行星一般围绕着带正电的原子核转动。这两种模型产生了极大的对立，直到 1911 年才分出胜负。

英国物理学家欧内斯特·卢瑟福在利用 α 射线轰击金箔时，发现大部分 α 粒子会径直穿过金箔，偶尔会有少数 α 粒子像被反弹一样发生很大角度的偏转。α 射线其实就是氦原子核，所以它比电子重，并且带正电。通过卢瑟福的实验我们可以推断，虽然原子内部几乎空无一物，但在其正中心存在一个类似于芯的原子核，即太阳系模型是正确的（图 1-4）。

此外，1919 年卢瑟福利用 α 射线轰击氮气，成功实现了氮原子向氧原子的转变，并由此发现了带正电的新粒子——质子。这一发现也表明，原子核中带正电的物质为质子。

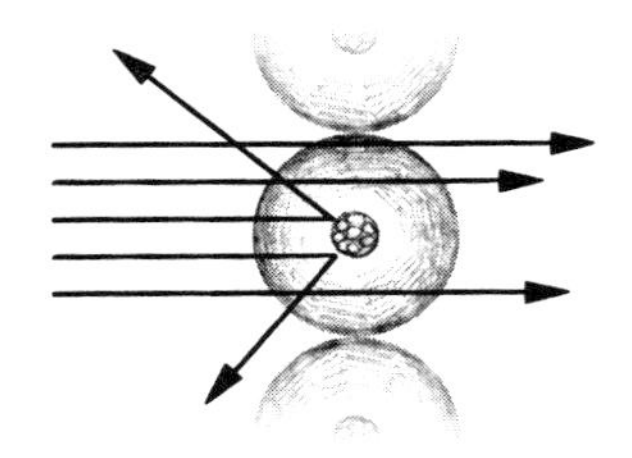

图 1-4　太阳系模型　当用 α 射线轰击金箔时，大部分 α 粒子会径直穿过金箔，只有少数 α 粒子被弹回。由实验结果可知，原子正中心存在一个原子核，并且电子围绕着原子核转动

5. 消失的能量

在原子模型实验稍早之前的 1896 年，法国物理学家安东尼·亨利·贝克勒尔首次发现了放射性现象。1898 年，卢瑟福通过实验发现射线共有三种类型，并将其分别命名为 α 射线、β 射线和 γ 射线。经过更深入的研究，他发现 β 射线实际上就是电子束。

然而，β 射线的进一步研究带来了新的问题，即与释放 β 射线之前相比，释放 β 射线后总能量竟然变少了。我们在学校学过物理学中最基本的法则——能量守恒定律，该定律认为反应前的所有能量之和与反应后的总能量是相等的。

但是，释放 β 射线的 β 衰变却违背了能量守恒定律，β 衰变后的总能量减少，一部分能量不知所终。当时的物理学家对此也感到十分疑惑，谁也不知道为什么会发生这样的现象。就连奠定了量子力学基础的著名物理学家尼尔斯·玻尔也曾这样说：“原子核太微小了，那个层级的世界可能超出了我们的想象。或许在那个世界里能量并不是守恒的。”

6. 泡利的预言

在这种悬而未决的状况下，仅有一人对此持有不同观点，他就是沃尔夫冈·泡利。泡利提出了一种假说，认为在 β 衰变的过程中，虽然总能量看上去确实变少了，但这只是表面现象，能量肯定是守恒的，减少的能量一定以其他形式遵循了能量守恒定律。

泡利在此表达的意思，其实是说可能存在一种不可见的粒子。虽然释放β射线前后能量看似不守恒，但其实是在该过程中产生的某种看不见的粒子带走了部分能量，所以会造成一种总能量减少了的错觉。

今天，我们认为泡利的假说具有划时代的意义，然而在当时，这一假说简直就是打破常规和禁忌的“疯言疯语”。不过，通过假设存在一种全新粒子来解释这种不可思议的现象，也许真的行得通。但是，如果没有足够的依据，这样的假说是不会得到普遍认可的。在当时，大家也的确没有对泡利的假说给予积极的评价。

泡利本人似乎也预料到自己的假说会遭受抨击，于是申辩道：“其实，构想新粒子是一种迫不得已的解释。”虽说提出“不可见粒子”的构想也无妨，但泡利也许由此感到内疚和心虚了吧。据说，他还在发言中宣称：“我愿意以一箱香槟作赌注，打赌人类无论如何努力，也无法在实验中捕捉到这种粒子。”（图 1-5）

图 1–5　泡利的赌注　泡利虽然预言到了中微子的存在，但他相信人类无法发现这种粒子，并为此赌上了一箱香槟

在确立这一假说时，泡利为这种不可见的粒子起了名字。由于他预想到该粒子呈电中性，所以称其为“中子”。但是，在泡利提出这一假说两年后的 1932 年，英国物理学家詹姆斯·查德威克发现，除了质子以外，原子核中还存在另一种粒子。由于这种粒子也呈电中性，所以查德威克也将其命名为中子。当时并没有商标注册之说，因此，虽然“中子”这一名称最早是由泡利提出的，但却被实际发现了新粒子的查德威克占用了。

大家可能会认为，尚未发现的粒子即使没有名字也没什么关系吧。然而，有一个人却因此感到十分苦恼，他就是为这个不可见新粒子理论而绞尽脑汁的意大利物理学家恩利克·费米。

恩利克·费米想研究泡利预言的粒子并撰写论文，但该粒子却意外地失去了名字，这让他束手无策。于是，他决定给这种粒子起一个新名字。经过一番思考后，他想出了“中微子”（neutrino）一词。“中子”在英语中写作“neutron”。费米在该单词之后加上词尾ino（在意大利语中意为“小不点”），就变成了“中微子”（neutrino）。大家可能知道，意大利人把婴儿称为“bambino”。“中微子”（neutrino）这个名字的意思是像中子那样“呈电中性且极其微小的粒子”。日语中曾将其译为“中性微子”，不过现在直接称其为neutrino（用片假名ニュートリノ表示）。

7. 核电站中的“幽灵”

虽然泡利预言的不可见粒子圆满地得到了“中微子”这个名字，但是寻找该粒子的工作异常艰辛。难怪当时连泡利自己都认为，无论做多少实验都可能无法发现这种粒子。毕竟中微子是非常腼腆的粒子，所以捕捉这种粒子的难度非常大。

但是，实验物理学家是非常了不起的，美国的弗雷德里克·莱因斯和克莱德·科温通过不懈努力，在实验中成功发现了中微子（图 1-6）。

图 1-6　中微子的发现者　莱因斯（左）与科温（右）

首先，他们二人思考了如何才能捕捉到中微子。由于中微子的预言源自 β 衰变，他们想到或许可以在核试验基地附近开展实验。但是，经过商讨后他们认为那里过于危险，最终决定换成在核电站附近进行实验。

我曾多次提到，中微子是一种几乎可以穿透任何物质的幽灵般的粒子。因此，莱因斯和科温为用来探寻中微子的实验设备起了“鬼驱人”（Poltergeist）这个名字。虽然不确定这个名字起得是否妥当，但他们的确在 1954 年首次发现了中微子存在的证据。

发现中微子后，莱因斯和科温立即兴奋地给泡利发去电报：“我们捕获中微子啦！”据说泡利得知消息后也兑现了自己的承诺，真的送给他们一张能购买一箱香槟的支票。从泡利发表中微子的假说，到实际发现该粒子，这期间历经了 24 年的漫长岁月。

第 2 章
基本粒子的世界

1. 宇宙是由大量基本粒子构成的

从微观层面来说，宇宙是由基本粒子构成的，中微子也是基本粒子的一种。本章将围绕基本粒子展开话题。上一章中我们曾提到，电子在原子内部围绕原子核转动。对于人类而言，大小约为千万分之一毫米（10^{-10} 米）的原子实在是太微小了，而原子核与电子比原子更加微小。

原子核位于原子中心，其半径仅为原子半径的十万分之一。假如原子像地球那样大，那么原子核就只有棒球场大小，而围绕它转动的电子甚至比棒球还要小。无论是原子核还是电子，它们本身都很小，但二者结合竟然能构成比其自身大得多的原子，这是由于电子围绕原子核转动造成的。因此，原子虽然看上去充实饱满，但实际上内部是空荡荡的。

原子内部结构的发现，将基本粒子的世界推进到更加微观的范畴。这相当于，研究对象的规模突然从地球那样大缩小到棒球场和棒球那么小，因此人类很难进行观察。电子是不能进一步分割的粒子，而原子核仍然具有内部结构，它是由质子和中子构成的。通过进一步观察与研究，我们可以发现质子和中子都由夸克构成（图 2-1）。

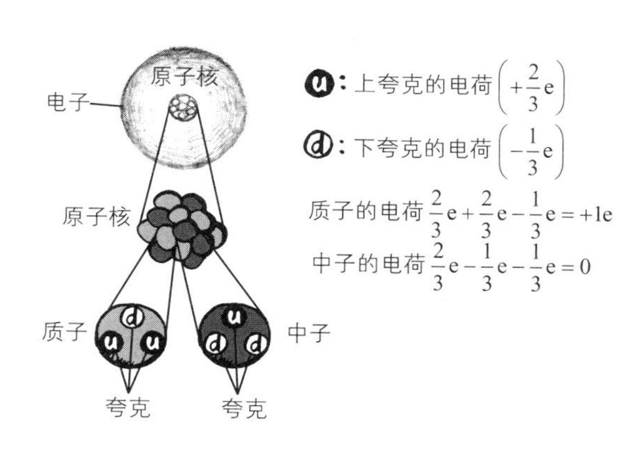

图 2-1　原子的内部结构　“原子”原本意味着“不可继续分割的粒子”，现在我们却发现它可以进一步分割至电子和夸克的层级

质子和中子的质量和大小基本相同，但是质子带正电，中子却呈电中性，二者的区别源于夸克组合的差异。质子和中子都是由上夸克和下夸克构成的，但质子由两个上夸克和一个下夸克构成，而中子则由一个上夸克和两个下夸克构成。或许大家会觉得这不过是替换了一个夸克而产生的微小差异。然而实际上，这一差异却决定了质子和中子是否能产生电荷，从这一角度而言差异是巨大的。

如果把我们身边的物质都分解，那么所有物质最终都会分解成电子、上夸克和下夸克这三种基本粒子。那么，宇宙是否仅由这三种基本粒子构成呢？答案是否定的。虽然不断分割构成我们身体的原子，最终的确会得到这三种基本粒子，但我们发现，宇宙中还存在着大量其他的基本粒子。下面就让我们一起简单回顾一下这段历史吧。

2. 质子和中子是由夸克构成的

1897 年，第一种基本粒子被发现，它就是我们在上一章提到过的电子。随后，研究者在 1937 年又发现了一种叫作“μ 子”的基本粒子。μ 子是从宇宙射线与空气中的氧、氮等分子撞击后产生的大量粒子中发现的。虽然发现新的粒子是件好事，但是人们并不知晓 μ 子在自然结构中起什么作用。μ 子和电子一样带负电，性质也与电子非常相似，但质量却是电子的 200 倍。μ 子并不能用于组成原子的内部结构，那么它的质量为什么是电子的 200 倍呢？这让众多物理学家疑惑不解，甚至有人因此而抱怨：“究竟是谁搞出了这样的东西?”最终，虽然 μ 子比电子重，但因为它和电子十分相似，所以物理学家认为 μ 子和电子是一对“结拜兄弟”。

此后，研究者在 1954 年又发现了中微子。虽然我们一般称其为“中微子”，但实际上这种叫法是不正确的。随着研究的不断深入，我们发现共有三种中微子。1962 年，与中微子性质极其相似的第二种中微子——μ 子中微子被发现。顺便介绍一下，最初被发现的中微子其实应该叫作“电子中微子”。而第三种中微子很难被人类发现，对此我会在后文中再做相关介绍。

1964 年，美国物理学家默里·盖尔曼和乔治·茨威格发表了夸克模型，他们预言质子和中子等粒子都由夸克构成。“夸克”这个名字是盖尔曼起的。据说，这一命名源于爱尔兰小说家詹姆斯·乔伊斯的小说《芬尼根的守灵夜》(*Finnegans Wake*)中出现的鸟鸣声。当时，夸克被认为存在三种，而小说中出现的鸟也刚好发出三声“quark”(夸克)的鸣叫声，盖尔曼便由此得到了命名的启发。

这三种夸克分别被命名为上夸克、下夸克和奇夸克。上夸克与下夸克是构成质子和中子的要素，然而物理学家却无法解释奇夸克的用途。于是，他们使用表示“奇异”之意的单词“Strange”为之冠名，称其为“奇夸克”(Strange quark)。

就像电子和 μ 子那样，奇夸克与下夸克之间也具有完全相同的性质，所以研究者认为它们也是一对“结拜兄弟”。唯有一点不同的是二者的质量，奇夸克要更重一些。

3. 基本粒子都是“三兄弟”

随着此类发现的不断涌现，研究者开始思考，是不是被视为基本粒子的电子、中微子和夸克，都可能分别拥有各自的“结拜兄弟”呢？此时研究者已经发现的“兄弟组合”包括电子与μ子、电子中微子与μ子中微子、下夸克与奇夸克。除上夸克以外，其他已知的基本粒子都拥有自己的“兄弟”。于是研究者自然而然地认为上夸克也应该有一种尚未被发现的兄弟粒子，这样就一共存在四种夸克了。

就是在这样的情况下，日本的小林诚博士和益川敏英博士（二人获得2008年诺贝尔物理学奖）却发表了令全世界物理学家震惊的理论，那就是下夸克和上夸克都分别为“三兄弟”，一共存在六种夸克。该理论因此被命名为“小林－益川理论”。那么，他们为什么认为夸克不是“两兄弟”，而是“三兄弟”呢？

简而言之，就是因为“两兄弟”与“三兄弟”构成的世界是不同的。例如，将某个图形放在镜子前，镜中与镜外的图形看上去是左右相反的。我们把这种现象叫作“对称性”。夸克也需要这样的对称性，而要想实现对称性就必须存在三个以上的夸克兄弟。我会在本章末尾详细讲述该理论。

自 1973 年“小林－益川理论”发表以来，为了探寻新的基本粒子，物理学家进行了大量实验，并于 1974 年发现了上夸克的“兄弟”粲夸克，于 1975 年发现了电子的“新兄弟”τ 子。在此之前，电子和 μ 子是“两兄弟”，而 τ 子的出现使它们成为了“三兄弟”。这一发现也在一定程度上显示出基本粒子都是“三兄弟”的可能性。

1977 年，研究者发现了下夸克“三兄弟”之一的底夸克。如此一来，学界逐渐开始认同小林和益川两位博士提出的理论，相信基本粒子确实都以“三兄弟”的形式存在。

但是，研究者却迟迟没有发现上夸克的第三个“兄弟”。从 20 世纪 70 年代开始，物理学家一直在寻找这种夸克，直到 1995 年才成功发现，并将其命名为“顶夸克”。顶夸克的质量约为电子的 34 万倍，与其他夸克相比，它是异常沉重的粒子。要想找到大质量的基本粒子就需要大量的能量，难怪研究者耗费了 20 多年才发现顶夸克。

1998 年，研究者发现了中微子“三兄弟”中的最后一员——τ 子中微子。日本名古屋大学和美国的费米国家加速器实验室共同组成实验团队，利用十分巨大的干板成功捕获了 τ 子中微子，并于 2000 年宣布了 τ 子中微子存在的直接证据。中微子非常腼腆，对其实施捕捉异常困难，而 τ 子中微子尤其难以捕获。虽然从理论上来说应该存在这种粒子，但要想拿出实际证据是非常困难的，因此这是一项十分重大的发现。

4. 基本粒子有“味”？

结果正如小林博士和益川博士预言的那样，上夸克和下夸克都找到了各自的伙伴，分别组成了“三兄弟”。上夸克系列中的夸克带有 +2／3 的电荷，而下夸克系列中夸克的电荷为 -1／3。这两个系列可以根据夸克的质量分成三代。质量最小的上夸克和下夸克为第一代，粲夸克和奇夸克为第二代，质量最大的顶夸克和底夸克为第三代。电子和中微子也可以像夸克那样分成三代。同样也是质量最小的电子和电子中微子为第一代，μ 子和 μ 子中微子为第二代，质量

最大的 τ 子和 τ 子中微子为第三代（图 2–2）。

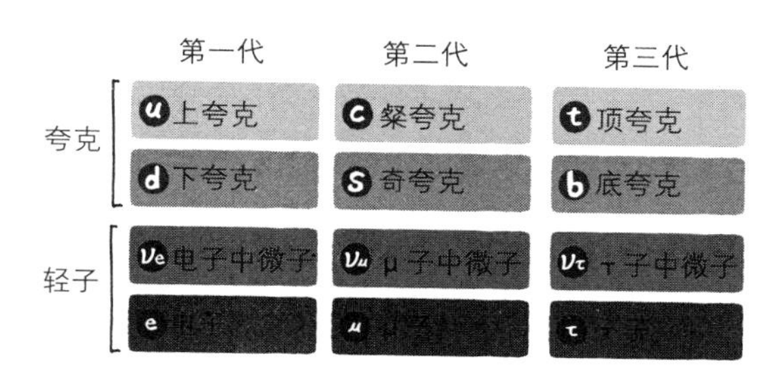

图 2–2　构成物质的基本粒子　构成物质的基本粒子可以分为夸克和轻子。夸克和轻子各有三代

为了和夸克加以区分，我们把电子和中微子的“兄弟们”统称为“轻子”（lepton），以此表示它们是质量小的粒子。夸克和轻子各自都有三代，每一代中都包含两种粒子。基本粒子的世界竟然如此井然有序，这是我们始料未及的。不过，我们尚未完全查明为何存在这样的秩序。这样秩序的存在本身就是非常不可思议的。

综上所述，夸克和轻子各分三代，总共包含 12 种粒子。这些粒子的种类差异叫作“味”（flavor）。我们经常在冰激凌店听到“味”这个词语，它常被用于表示食物的香味或口感。基本粒子是没有香味或口感的，“味”用来表示夸克和轻子的性质差异。

5. 力是粒子的交换

前文提到的夸克和轻子都和所有物质的构成有关，我们将其统称为“费米子”。其实，除了费米子以外，还存在一类叫作“玻色子”的基本粒子。

费米子是构成物质的基本粒子，而玻色子则是传递力的基本粒子。在基本粒子的世界中，力也可以用基本粒子来表示。如果我告诉大家，我们在平时看不见的力其实是粒子，我想大家都会感到非常意外吧。我们在日常生活中能接触到很多种力，例如摩擦力、离心力、表面张力和法向力等，因此，我们往往认为力有很多种。实际上，宇宙中只存在四种力，它们分别为电磁力、强力、弱力和引力。此外，每种力都分别对应着能传递该力的基本粒子。

首先，电磁力是通过光子进行传递的，光子是光的粒子状态。光具有波粒二象性，有时表现为波，有时表现为粒子。从牛顿时期开始，就存在光到底是波还是粒子的争论。光看起来像波，同时它也表现出了粒子的性质，那么光到底是波还是粒子呢？这个问题困扰了很多人。

不过，后来的研究发现，进入我们眼中的光呈现出波的形态，而在微观世界中光更趋向于以粒子的形态存在。总之，光具有波和粒子的两面性，当光以粒子形态存在时就能传递电磁力。例如，当磁铁吸起钉子时，从微观角度来看就是磁铁与钉子之间如同“投球、接球”一般交换着光子，从而产生了电磁力。

如果听到“强力”和“弱力”这两个名词，我想绝大多数人都不知道它们到底指什么。确切地说，这两种力正确的叫法应该是“强核力”（强相互作用）和“弱核力”（弱相互作用）。在这里，“核”指的是原子核，意味着它们是作用于原子核内的强力和弱力。

强力和弱力的作用距离都小于原子核的直径，所以我们平时无法感觉到它们的存在。但是，它们的确真实存在着，而且与我们的存在息息相关。

率先建立强力理论的是汤川秀树博士（图 2-3）。汤川博士在查德威克发现中子时，察觉到质子和中子都聚集在原子核中，他由此产生了巨大的疑问。为什么带正电的质子和不带电的中子没有散落在各处，而是聚集在一起形成了原子核呢？

图 2-3 开创基本粒子物理学新局面的汤川秀树博士 1949 年荣获诺贝尔物理学奖

20 世纪 30 年代，当时人类已知的力只有引力和电磁力。这无法解释原子核中聚集着多个质子和中子的现象。带正电的质子和不带电的中子聚在一起本身就非常不可思议了。但更加不可思议的是，在没有负电荷的情况下，带正电的质子之间竟然没有相互排斥，而是聚集在了同一个地方。

汤川博士认为，除了电磁力以外，如果原子核内没有一种能黏合质子和中子的力，那么原子核就无法维持现状。他下定决心要揭示这种力的真相。当时，引力之谜尚未被解开，但研究者已经了解了电磁力实际上就是光子。汤川博士认为，这种思路也可以用来研究在原子核中黏合质子和中子的力。也就是说，质子和中子之间存在着一种由于交换某种粒子而产生的力。

汤川博士最初构想的模型是，电子的交换产生了黏合质子和中子的力。但他在计算后发现，电子是无法提供这样的力的。接下来，他又想到活用泡利预言里的中微子。确切地说，汤川博士利用的是中微子的反粒子——反中微子。

汤川博士阅读了意大利物理学家恩利克·费米于 1933 年撰写的论文。该论文指出，通过电子和中微子（或反中微子）的交换，质子和中子可以实现相互转换。汤川博士由此受到了启发，不禁想到，能不能利用电子和反中微子这两种粒子来黏合质子和中子呢？如果利用两种粒子，会不会产生巨大的力呢？然而，这种尝试同样以失败告终了。事实证明，即使利用电子和反中微子也无法产生黏合质子和中子的力。

6. 强力的真相

当时，夸克和轻子尚未被发现。汤川博士认为，既然利用已知的粒子无法黏合质子与中子，那么是不是有某种未知的粒子可以产生黏合质子和中子的力呢？这种力的作用距离不会太远。根据这种力的传递距离进行计算，汤川博士发现，如果存在质量约为电子质量 200 倍的粒子，就能产生黏合质子与中子所需要的力。由于这种粒子的质量介于质子和电子之间，所以被命名为“介子”，汤川博士的理论也因此被称为“介子理论”。

在汤川博士发表介子理论的 20 世纪 30 年代，欧美的研究者引领着物理学的发展。比起理论，当时的研究者更注重实验。因此，构想出一种尚未被人类发现的粒子，并根据这种粒子构建起一套理论，这在当时并不能被大家认可。不仅科学类杂志拒绝登载汤川博士的论文，就连奠定量子力学基础的科学巨匠尼尔斯・玻尔也挖苦道：“你怎么就这么喜欢新粒子呢？”几乎没有人赞成汤川博士的理论。

对于汤川博士而言，提出介子理论并不是单纯的突发奇想，而是在研究了所有已知的粒子之后得出的结果，所以他确信一定存在这样的新粒子。此后，坂田昌一博士和谷川安孝博士等日本研究者向汤川博士提供了帮助。终于，在汤川博士提出该预言的 12 年后，也就是 1947 年，介子（π 介子）被发现了。

虽然看起来好像是 π 介子黏合了质子与中子，但是后来的研究表明，质子和中子分别由三个夸克构成，介子由夸克和反夸克构成，而将夸克与夸克、夸克与反夸克黏合起来的则是强力。

强力是由一种叫作胶子（gluon）的粒子产生的。“gluon”的词根“glue”是“胶水”的意思，“on”是表示粒子的后缀。可能是因为强力给人一种能将夸克和反夸克黏合在狭小的范围内，令其无法分开的印象，所以传递强力的粒子就被赋予了“胶子”这样的名字。

7. 弱力的真相

与强力不同，弱力则与中微子有着密切的联系。经过深入研究后我们可以发现，在原子释放 β 射线的 β 衰变过程中，中子转变成质子，并释放出电子和中微子。此时释放出电子和中微子的原因在于弱力。中子通过舍弃一种叫作弱力玻色子（传递弱力的媒介）的粒子而转变成质子，被其舍弃的弱力玻色子又转化成了电子和中微子。

在这里要顺便介绍一下，中微子既不是四代，也不是五代，而是总共有三代，这一点可以通过作为弱力玻色子之一的 Z 玻色子来证明。Z 玻色子发生衰变后可以生成中微子。通过研究此时 Z 玻色子的衰变概率，我们发现中微子并非共有两种、四种或五种，而是三种，由此研究者准确地获知了中微子的种类。

此外，弱力还与放射性物质的放射性衰变息息相关。地球内部保持着 6000 摄氏度的高温，这支撑着由液体金属构成的地核外核和地幔的内部对流运动。但是，仅靠太阳传送给地球的能量无法维持如此高的温度。也就是说，从地球内部产生了支撑上述活动的能量，这就与弱力有关了。在地球的内部，大量的放射性原子发生着放射性衰变，在衰变过程中释放了热量。这些热量被用于保持地球内部的温度。

8. 四种力的统一

我们在前文提到，力是由基本粒子进行传递的，这种基本粒子叫作玻色子。传递各种力的玻色子相继被人类发现，电磁力为光子，强力为胶子，弱力为 W 及 Z 玻色子。然而，在四种基本力中，我们唯独没有找到引力对应的基本粒子（图 2–4）。

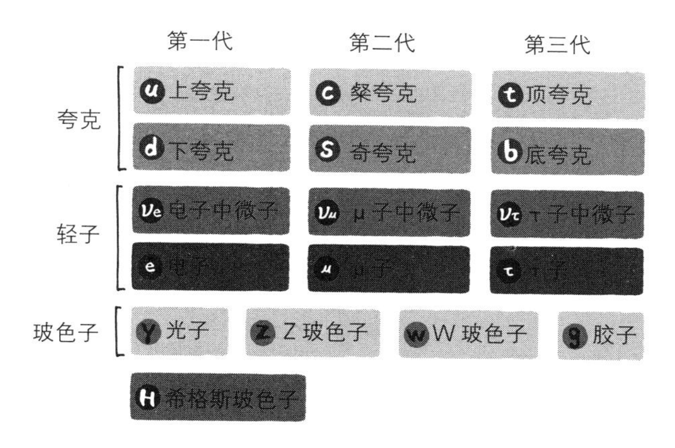

图 2–4　标准模型理论囊括的基本粒子　构成物质的最小单位——基本粒子共有 17 种，可以将其分成三类：构成物质的夸克和轻子、传递力的玻色子，以及希格斯玻色子。这就是所谓的标准模型理论

虽然传递引力的玻色子被赋予了“引力子”（graviton）的名称，但这种粒子至今尚未被发现。我们普遍认为这可能是因为引力与其他三种力相比格外微弱。寻找引力子是基本粒子物理学的一大课题。我们期待着位于瑞士日内瓦的欧洲核子研究中心（CERN）的大型强子对撞机（LHC）能够观测到引力子的效应。

至此，我想大家应该已经了解到宇宙中的物质和力均源自基本粒子。那么，宇宙又是如何形成的呢？为了解释这个问题，物理学家构建了标准模型理论。

我在介绍玻色子时曾经说过，宇宙中共有四种力，而物理学家一直努力尝试用一种理论来解释这四种力。爱因斯坦也曾经尝试过统一当时已知的引力和电磁力，但最后却失败了。

后来，随着强力和弱力的发现，物理学家首先统一了电磁力和弱力，确立了电弱统一理论。随后，他们打算将强力也纳入该理论，并且试图构建“大统一理论”，但这一理论至今尚未完成。目前，人类的研究处于可以在同一框架下解释这三种力的阶段，而这个框架就是标准模型理论（图 2-5）。

这一理论的提出源于物理学家长期研究的积累。统一电磁力和弱力的格拉肖、萨拉姆和温伯格，以及南部阳一郎博士、小林诚博士和益川敏英博士等人，都为标准模型理论的确立做出了巨大的贡献。

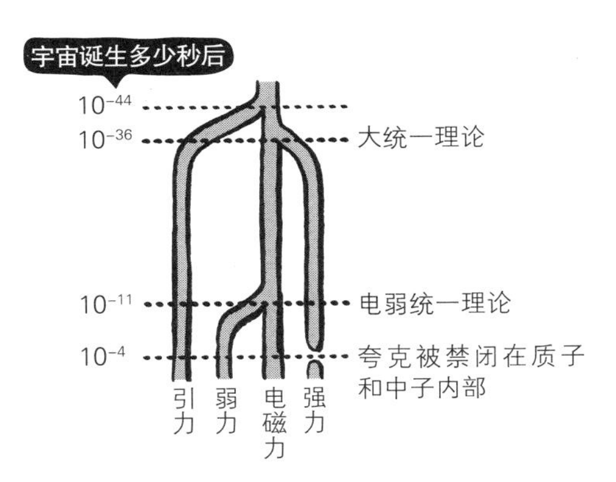

图 2–5　电磁力、弱力、强力　一般认为，力在宇宙诞生后随即完成了分类。电弱统一理论统一了电磁力和弱力，涵盖强力的大统一理论尚未完成

标准模型理论的框架基本形成于 20 世纪 70 年代。在其后的 30 年间，无论物理学家开展怎样的实验，其结果都与标准模型理论的预测一致。我曾经参与一本基本粒子实验数据汇编图书的创作工作。该书共有 700 页，书中写满了密密麻麻的数字，每个数字都基本与标准模型理论预测出的数据相吻合。可以说，这是一种非常成功的理论。

标准模型理论指出，夸克共有三代，包括六种粒子。这也是由前文提到的小林 – 益川理论所预言的事情。那么，为什么小林博士和益川博士认为夸克共有三代且分为六种呢？其实，他们的理论并没有直接指出夸克共有三代且分为六种。之所以这样说，是因为要想实现 CP 对称性的破缺，就需要有三代共六种夸克。

“直接指出”和“必须存在”，两者间的差别虽然微妙，但却非常重要。在基本粒子的世界中经常会出现“对称性”一词，我们总是把对称性比作镜子中的世界。当我们照镜子时，镜子里会呈现出与我们自身左右相反的影像。在基本粒子的世界中也存在如同照镜子般左右相反的粒子。下面就让我们更加详细地了解一下吧。

9. CP 对称性破缺

大家能解释“左”和“右”的定义以及它们的本质区别吗？当然，谁都知道哪边是左，哪边是右。但是，如果要解释它们的本质区别就变得有些困难了。例如，用“拿铅笔写字的是右手”这一观点来说明左手和右手的区别是没有足够说服力的，因为世上同时存在着习惯用左手写字和习惯用右手写字这两类人。

左右虽然有别，但即使有一天世界突然完全左右颠倒了，大多数的物理法则也不会发生改变，大家并不会因此而觉得有什么不对劲儿。由于在引力、电磁力和强力中都没有“左”“右”这样的概念，所以即便颠倒左右它们也不会受到影响。其实，在基本粒子物理学中存在着一种空间反演变换，即使将左右、上下、前后都颠倒，物理法则也不会因此发生改变，我们把这样的现象叫作“宇称变换”。此外，即使调换左右或是上下的位置也不会引起物理法则的改变，我们把这样的性质叫作“宇称对称性”。

宇称对称性代表CP对称性中“P”的部分。那么，“C”表示什么呢？它表示粒子与反粒子之间的转换，也叫作“电荷共轭”。这一转换会使粒子发生反转，变成与其对应的反粒子。也就是说，如果能维持C对称性，那么就能实现粒子向反粒子的转换。

过去的观点普遍认为P对称性是始终守恒的，即使发生空间反演变换，物理法则也不会改变。然而，随着基本粒子研究的发展，我们发现了P对称性不守恒的粒子，而通过进一步的研究，我们发现似乎是弱力破坏了P对称性的守恒。

但是，对于物理学家而言，守恒定律被打破是一件令人很郁闷的事。于是，有人想出了一套理论，无论如何也想要维持对称性守恒。该理论认为，即便P对称性发生破缺，但只要与C对称性组合起来，就依然可以维持对称性的守恒。如此一来，弱力也会像其他三种力那样遵循以往的物理法则。

物理学家也就此吃下了一颗定心丸，然而这种观点很快就被证实是错误的。1964 年，研究者发现了 K 介子的 CP 对称性破缺现象。虽然这一现象十分罕见，其出现的概率仅为千分之一，但却由此证明了 CP 对称性破缺的事实，因而在全世界范围内引起巨大轰动。

也许在非专业人士看来，即使发生 CP 对称性破缺也没什么问题。然而实际上，这却是一个关乎自然界秩序的重大问题。为了用尽量简单的法则来解释自然界的秩序，对称性最好是能保持守恒的。当物理学家发现 P 对称性破缺时，又提出了稍显牵强的 CP 对称性，但是后来又出现了 CP 对称性破缺。这就需要其他秩序或法则来解释这个问题了。

10. 小林－益川理论的登场

小林－益川理论挽救了这场危机。该理论认为，如果夸克共有三代且分为六类，那么就能解释 CP 对称性破缺。为什么假设夸克共有三代就能解释 CP 对称性的破缺呢？要想解释清楚这个问题并不是一件容易的事，但解决该问题的要点在于夸克“不是两代，而是三代”。

如果我们在空间中设置两个点，那么连接这两点就只能画出一条直线。但是如果把点的数量增加到三个，我们就能画出像三角形这样的平面图形了。CP 对称性是基本粒子所表现出的对称性之一。例如，C 对称性作用下生成的反粒子，就像把粒子沿对称轴镜像翻转了一样。如果粒子镜像翻转后得到的新粒子与原来的粒子没有区别，那么 CP 对称性就是守恒的。若是出现差异，就意味着发生了 CP 对称性破缺。

由两个点连接而成的直线即使镜像翻转后看上去也和原来一样，两者并没有什么区别，因此可以说它处于对称性守恒的状态。然而，当点的数量变成三个时，我们不仅能画出直线，还能画出三角形。除了等腰三角形和等边三角形这类特殊三角形外，三角形基本上不具有对称性。也就是说，如果沿着一个对称轴镜像翻转三角形，得到的新三角形无法和原来的三角形重合，二者是有区别的。在这种情况下，对称性是不守恒的（图 2-6）。

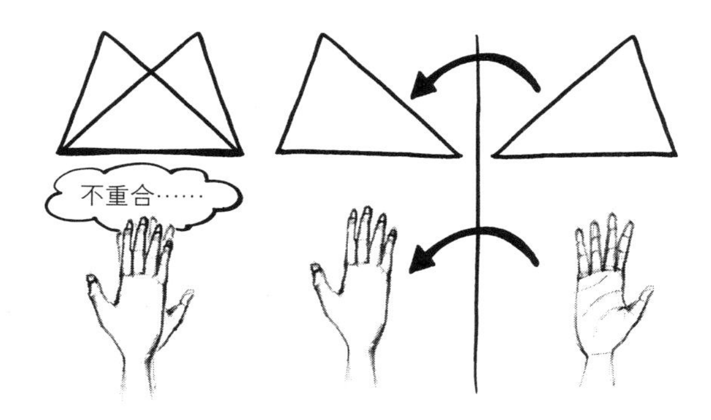

图 2-6 标准模型理论 在标准模型理论中，关于夸克和轻子有三代的构想尤为重要。如果夸克共有三代，那么就可以解释 CP 对称性破缺。这与将三角形镜像翻转后，新三角形不能和原三角形重合的情况十分相似

大体说来，CP 对称性也会出现类似的情况。如果夸克有两代共四种，那么就像两点确定一条直线那样，CP 对称性是无法发生破缺的。但是，如果夸克有三代共六种，那么就像由三个点可以确定一个三角形那样，可以发生 CP 对称性破缺。实际上，研究者已经通过实验证明了的确存在三代共六类夸克，也由此确认了 CP 对称性会出现不守恒的情况。

除此之外，CP 对称性破缺还与现在的宇宙有着密切的联系。在宇宙诞生之初，粒子生成的同时也产生了等量的反粒子。由于粒子与反粒子成对产生、成对消亡，所以如果对称性是守恒的，那么所有的粒子就会与反粒子一同消失，宇宙中应该什么也不会留下。但

是，不知从何时起反粒子独自从宇宙中消失了，仅留下了粒子。我们认为宇宙中仅留下粒子的原因应该与CP对称性破缺有关。小林－益川理论并非只预言了夸克的种类和数量，这个重要的理论也有助于我们理解宇宙中为何只留下了物质。

11. 验证小林－益川理论

如今，研究者发现不仅是夸克，甚至连轻子也包含三代粒子。但是，仅凭这些还不足以完全证明小林－益川理论。由于该理论还指出，如果夸克共有三代，那么人类就能制造出粒子（物质）与反粒子（反物质）的差别之证，因此，物理学家为了证明小林－益川理论的正确性，进行了许多相关的实验。

美国和日本都为此发起了挑战。其中，美国在著名学府斯坦福大学进行了实验。物理学家通过电子与正电子的碰撞制造底夸克，并精确地测定了底夸克衰变成各种粒子的情形，继而探究在这一情况下能否创造出粒子与反粒子的差别之证。该实验所使用的加速器呈直线状，长度约为5千米。也许是因为这个加速器让人联想到了大象的长鼻子，所以他们用儿童经典绘本《小象巴巴》中主人公的名字为这项实验命名，称其为“BaBar 实验”。

日本则在位于茨城县筑波市的高能加速器研究机构（KEK）启动了名为“Belle”的实验。Belle 在法语中是“美女”的意思。这个实验也是通过加速器撞击电子和正电子，不过撞击频率非常高，差不多每隔 7 纳秒就会撞击一次。1 纳秒等于 10^{-9} 秒，它是一个非常短的时间单位。另外，观测撞击结果的设备竟然与三层建筑物的规模相当，其中装配了多种高科技设备，等待捕捉每 7 纳秒就发生一次的电子与正电子的撞击。最终，该实验成功捕获了电子与正电子撞击产生的 B 介子与反 B 介子的差别，由此证明了提出 CP 对称性破缺的小林－益川理论的正确性。

第3章
奇异的中微子世界

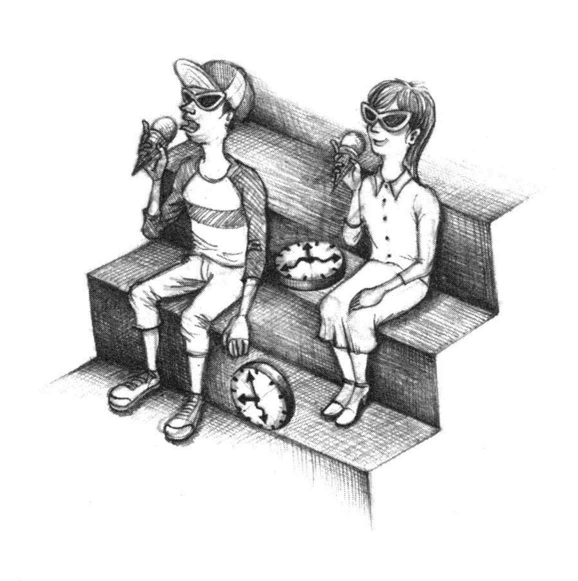

1. 掌握关键的中微子

在宇宙诞生之初，大量能量的环境下产生了很多物质和反物质。物质和反物质总是成对产生、成对消失的。因此，如果物质与反物质遵循完全相同的活动轨迹，那么宇宙中就不会存在星系、恒星以及我们人类。

要想使反物质消失而保留下物质，就需要物质与反物质之间的对称性存在略微的偏差。在上一章最后提到的 Belle 实验已经证明了这一点，它验证了 CP 对称性破缺。此外，我们还发现 CP 对称性破缺与宇宙仅留下物质的现状存在一定的关系，但是，单凭这一点我们仍然无法解开我们以及我们的物质世界能在宇宙中得以幸存的谜题。不过有观点认为，这个问题的关键可能掌握在中微子的手中。

其实，在中微子的研究领域，日本位于国际前沿。虽然最先确认中微子存在的是美国人，但正是由于日本人进行了相关实验，研究者才能首次实时观测到在自然界中产生的中微子。

1987年2月23日，研究者在银河系附近的大麦哲伦星云中观测到了一颗巨大恒星的超新星爆发（图3-1）。虽然在此时释放了大量的光，但光仅占超新星爆发所产生能量的1%。实际上，超新星爆发时所产生能量的99%都转变成中微子逃逸到了恒星之外。

一般来说，如果比例高达99%的能量都变成了中微子，那么能量很快就会消耗殆尽，因此超新星爆发就不会轻易发生了。但是，恒星却在这里设计了一个小小的圈套，顺利地促成了超新星爆发。

在超新星爆发之前，寿终正寝的恒星会急剧坍缩，导致其密度大幅度增大，就连产生的中微子也被束缚其中。在此过程中，恒星积攒了足够的能量，而中微子也在恒星爆炸的过程中充当了帮手的角色。其实，恒星突然变亮的瞬间会出现在上述过程的几个小时之后。我们把这个理论叫作“中微子束缚”（Neutrino Trapping），它是由佐藤胜彦博士提出的。

实际上，在研究者观测到超新星爆发的当天，由超新星爆发所产生的光和中微子也来到了地球，位于日本岐阜县神冈矿山地下的神冈探测器成功捕获了11个中微子。当时，神冈探测器与全世界的竞争对手都在开展类似的实验，大家都想要捕获中微子。但结果毫无疑问，最终成功捕获到中微子的只有神冈探测器。从

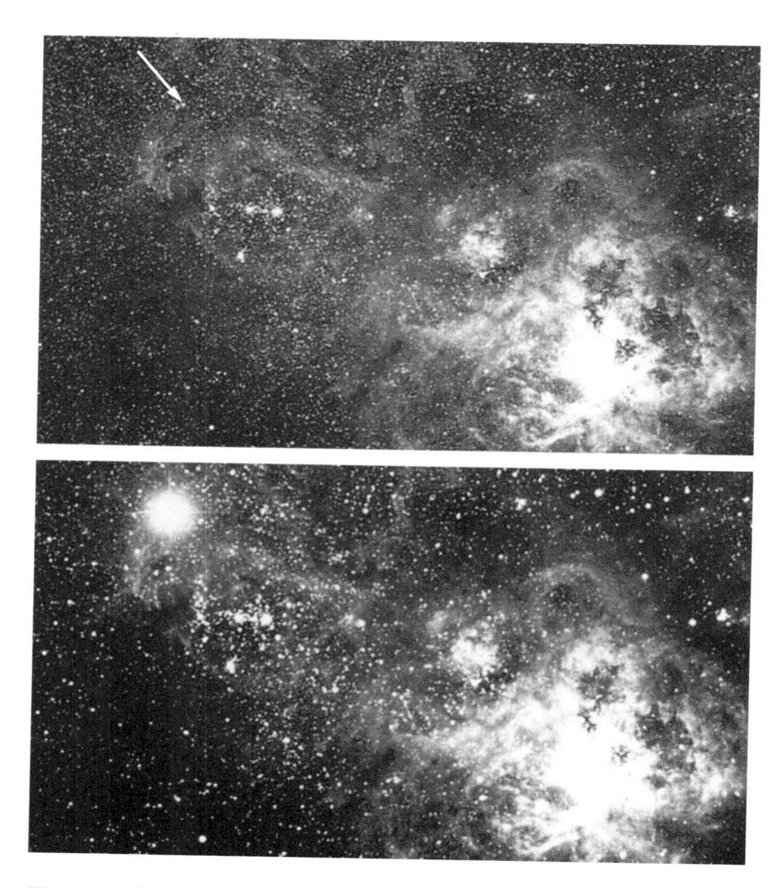

图 3–1　超新星爆发　图为 1987 年在大麦哲伦星云中观测到的超新星爆发。神冈探测器成功捕获了此时产生的中微子

神冈探测器的观测数据来看，确实像佐藤博士的理论所预测的那样，捕获到的中微子诞生于其后几小时内可观测到的超新星爆发，而中微子会在最终爆发前提前几十秒传播到地球。成功观测到这一现象的是小柴昌俊博士，他因此获得了 2002 年的诺贝尔物理学奖。

能捕获由超新星爆发过程中产生的中微子，这也为宇宙的观测带来了新的方法。在此之前，人类若想观测宇宙，只能利用依托可见光的光学望远镜或者依托无线电波的射电望远镜等设备，而成功捕获中微子让研究者意识到，我们也可以利用中微子来观测宇宙。小柴博士等人将其定义为“中微子天文学”，从此开辟了基于基本粒子的天文学。

2. 中微子的质量

基本粒子的标准模型是在漫长的历史进程中逐步“堆砌”起来的理论。30 多年间，所有实验的结果都符合该理论的预测。可以说，标准模型理论是基本粒子物理学的经典。然而，标准模型理论无法完全说明基本粒子的秩序，也不能解释夸克和轻子为何有三代，以及为什么各种粒子的质量为观测值。尽管如此，由于各项实验结果都与标准模型理论的描述一致，所以基本粒子物理学的理论还是以该理论为基础确立下来的。

然而，1998 年发生的重大历史事件彻底撼动了标准模型理论的根基。研究发现，标准模型理论认为质量为零的中微子其实具有质量。之所以说这是重大事件，是因为标准模型理论是以中微子完全没有质量为前提建立起来的。

如果标准模型理论的前提不成立，那么该理论本身就需要重新构建。由于中微子的质量问题是左右标准模型理论能否成立的一大关键，因此从 20 世纪 60 年代开始，该问题就成了物理学家争论的焦点。多年以来，研究者一直无法掌握相关证据，直到 1998 年日本的科研团队才首次掌握了中微子具有质量的证据。

在日本岐阜县高山市召开的“中微子・宇宙物理学国际会议”上，研究者公开发表了所获得的证据。在当时的会场上出现了罕见的一幕。当该研究团队宣布中微子具有质量时，与会人员全体起立并对此报以热烈掌声。这就是数十年间一直被视为正确理论的标准模型理论被推翻的瞬间。

关于中微子的新发现震惊了全世界，也引发了巨大的轰动。该消息不仅登上了美国《纽约时报》的头版头条，甚至连时任美国总统克林顿在阅读了这一报道之后，也在为麻省理工学院毕业典礼所做的演讲中引用了相关内容。

中微子的质量问题竟然能影响美国总统的演讲，那么，中微子的质量究竟该如何测定呢？中微子几乎无法被捕捉，测定它的质量可不是把它放到电子秤上那么简单。既然如此，我们真的能够获知中微子的质量吗？

此时就该让位于岐阜县神冈矿山下的超级神冈探测器大显身手了（图 3-2）。超级神冈探测器是第二代实验设备，小柴博士曾使用它的第一代——神冈探测器捕捉来自超新星的中微子。该设备规模巨大，高达 40 米，堪比一幢 10 层的高楼。它建造于地下 1 千米处，内部注入了约 5 万吨水。超级神冈探测器的容器内壁上装配了大量光电倍增管，它们看上去像是直径 50 厘米左右的大灯泡。超级神冈探测器的结构与神冈探测器相同，如果中微子从中穿过，偶尔与水分子发生反应并释放出光，那么光电倍增管就可以捕捉到此时的光。

图 3–2　超级神冈探测器　利用 5 万吨水捕捉中微子。超级神冈探测器内壁装配了 11 200 个光电倍增管（见下一页插图）（东京大学宇宙射线研究所　神冈宇宙基本粒子研究设备）

我们在前文中提到，超新星爆发可以产生大量中微子。除此之外，太阳的中心和大气层等许多其他地方也能产生中微子。当时日本团队研究的对象是地球大气层中产生的中微子。地球大气层中存在氮、氧等众多气体分子，当宇宙射线的高能粒子大量到达地球时，如果和这些气体分子发生碰撞，那么就会产生若干个中微子。我们把由此产生的中微子称为“大气中微子”。大气中微子从上空降至地面，又穿过地表到达超级神冈探测器之中。

由于大气中微子从大气层中产生，所以无论在日本、南半球还是地球上的其他地方，位于其上空的大气层都能产生这种中微子。超级神冈探测器探测到的中微子是从日本上空的大气层中产生的——我想这可能是大家的第一反应。其实，超级神冈探测器也捕捉到了南半球大气层产生的中微子。

这到底是怎么一回事呢？由于中微子只会对弱力产生反应，所以它可以在地球内部畅行无阻。因此，即使在南半球产生的中微子撞击到了地面，它们也可以不受任何影响，进而直接穿过地球，轻而易举地到达超级神冈探测器。

通过研究此类现象可知，在南、北半球产生的中微子数量应该是相同的，我们称其为“上下对称”。宇宙射线在距离地球 20 千米的高空与大气发生反应从而生成中微子（图 3-3）。由于宇宙射线在抵达地球之前会受到各个恒星的影响，导致它能传播到四面八方，加之地球是一个近乎规则的球体，因此抵达北半球与南半球的宇宙射线几乎数量相同，北半球与南半球大气层产生的中微子也应该数量相同。

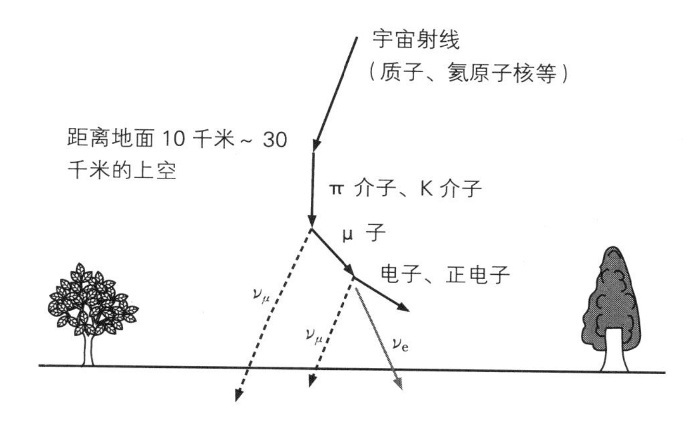

图 3-3 宇宙射线生成中微子的过程

实际上，超级神冈探测器的实际测定数据与理论预测的结果一致，这也证明电子中微子确实是上下对称的。但第二代中微子——μ 子中微子的情况却与理论相悖。理论预测它应该和电子中微子一样具有上下对称的性质，而观测数据却显示，来自南半球（即从下方穿过地球进入超级神冈探测器内）的 μ 子中微子的数量仅为预想的一半（图 3-4）。

为什么发生这样的现象呢？研究结果表明，当在地球背面产生的 μ 子中微子横穿地球时，会先变成 τ 子中微子再变回 μ 子中微子，并不断重复着这样的循环，宛如波浪伏动一般。μ 子中微子逐渐变成 τ 子中微子再逐渐变回 μ 子中微子，我们把这种 μ 子中微子与 τ 子中微子相互反复转换的现象称为“中微子振荡”。

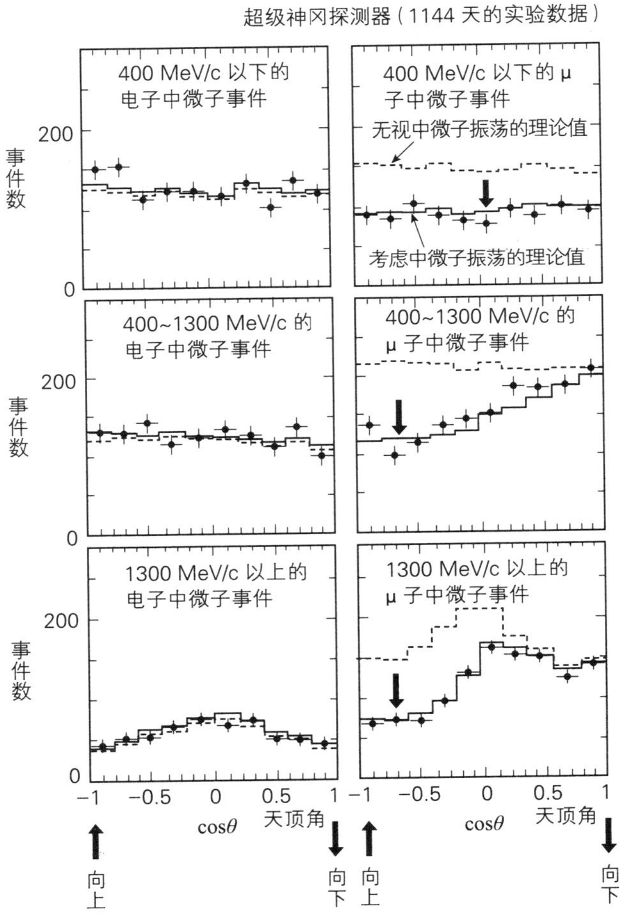

图 3–4　中微子事例的天顶角分布　来自正上方的中微子与来自正下方的中微子的事例存在差异，由此确认了中微子振荡现象的存在（东京大学宇宙射线研究所　神冈宇宙基本粒子研究设备）

上一章曾经提到，我们用“味”（flavor）这一概念区分轻子的粒子种类。如果在此沿用这一概念，中微子的反复转换就好比草莓味的冰激凌随着时间的流逝变成了巧克力味，之后再变回草莓味。超级神冈探测器想要得到巧克力味的冰激凌，即便有草莓味的冰激凌送到嘴边也会视而不见，所以没有将它们统计在内，导致最终仅捕获了达到预想数量一半的 τ 子中微子（图 3–5）。

图 3–5　中微子振荡　μ 子中微子在移动的过程中变成了 τ 子中微子

中微子的振荡意味着粒子会因时间的流逝而发生变化。这种变化也是中微子并非以光速传播的证据。

3. 中微子与时间

本节的话题非常重要，所以我想介绍得稍微详细一些。根据爱因斯坦的狭义相对论，物体的移动速度越快，该物体感受到的时间流动就越慢。我们可以用著名的“双胞胎悖论”来说明。假设有一对双胞胎兄弟，哥哥乘坐接近光速的火箭前往太空，弟弟留在地球。当火箭返回地球、双胞胎兄弟重逢时，留在地球上的弟弟要比旅行归来的哥哥老很多。这听起来非常不可思议，但在相对论的世界中发生这样的事是理所当然的。

当物体快速移动时，时间会变慢。如果物体以极限速度（也就是以光速）移动，时间则会完全停止。由于光总是以光速传播，所以它绝对感受不到时间的流动，钟表在此时处于完全停摆的状态。如果中微子没有质量，那么它也能以光速传播，因此也应该无法感受到时间的流动。

然而，通过超级神冈探测器的实验可以发现，虽然从上方进入探测器内部的中微子没有时间变成其他粒子，但从下方进入的中微子却拥有变成其他粒子的时间，所以μ子中微子变成了τ子中微子。由此可知，中微子能感受到时间的流动(图3-6)。这就意味着中微子的移动速度不及光速。移动速度慢于光速的粒子是具有质量的，因此这一实验也间接表明了中微子具有质量。

图3-6　中微子的时间　中微子能感受到时间的流动，这意味着它的移动速度比光速慢

研究者根据超级神冈探测器的实验结果得出了中微子具有质量的结论。该结论一经发表，相关的验证实验也相继启动。超级神冈探测器的观测对象是来自空中的μ子中微子，如果非要吹毛求疵，也许有人会对此产生疑问——从天而降的粒子真的都是μ子中微子吗？

我想，除了物理学家，一般人是不会提出这样的质疑的。为此，日本和美国分别推出了制造中微子的实验计划。日本从筑波市高能加速器研究机构向与其相距 250 千米的超级神冈探测器发射人工制造的中微子。美国则使用位于伊利诺伊州密歇根湖附近的研究所内的加速器制造中微子，并使用与其相距约为 750 千米的、位于明尼苏达州苏丹矿井中的探测设备来捕捉中微子。

地球是一个球体。尽管我们平时也许并没有留意到这一点，但其实地面不是平坦的，而是有些弯曲的。当目标远在 750 千米之外时，即使中微子想要沿着地球表面径直传播，在抵达目的地时也会有上移数米的偏差。因此，从伊利诺伊州发射中微子时，研究者向下微调了发射角度，让潜入地下 10 千米穿行的中微子能不偏不倚地从 750 千米外的地面上穿行而出，正好通过位于目的地的实验设备。

通过上述实验的验证，我们发现 μ 子中微子的数量确实减少到了最初的一半左右，关于粒子真伪的质疑就此尘埃落定。人工制造的中微子也在数量上发生了变化，由此证明了中微子可以感受到时间的流动，而且具有质量。

4. 利用中微子观测太阳

大气中微子的观测研究确认了中微子具有质量这一事实，接下来就让我们把目光聚焦到产生于太阳的中微子身上来吧。太阳向地球输送了大量的光和热，其表面温度约为 6000 摄氏度，中心温度甚至可以达到 1500 万摄氏度左右。太阳究竟为什么会释放出大量的光和热呢？这是因为在太阳内部发生了四个氢原子结合形成一个氦原子的核聚变反应。

虽然氢原子的原子核带正电，但是当四个氢原子结合形成一个氦原子时，氢原子核中的两个质子会变成中子，所形成的氦原子的电性也会发生改变。电性生变的部分会变成电子的反物质——正电子和中微子（图 3-7），目前的研究认为此时产生的中微子只是电子中微子。

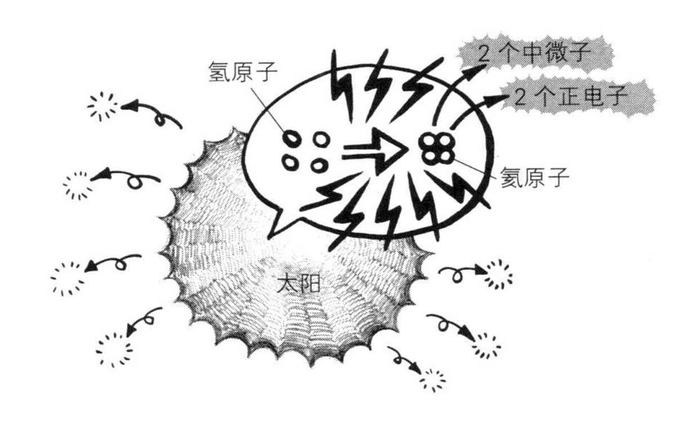

图 3–7　太阳的核聚变反应　太阳内部会发生每四个氢原子结合成一个氦原子的核聚变反应。此时太阳释放出光和热，反应后其自身质量变轻

通过比较核聚变反应前后太阳的质量，我们发现反应后太阳变轻了，而且减少的质量转化成了能量。大家还记得爱因斯坦的公式 $E = mc^2$ 吗？这个公式表明，质量 m 可以转换成能量 E，因此太阳减少的质量能够以能量的形式外溢。太阳每秒约减轻 40 亿千克的质量，它向地球输送光和热的同时，也释放出大量中微子，使每秒有多达数百万亿个中微子穿过我们的身体。

超级神冈探测器可以捕捉到来自太阳的中微子。由于它被设置在地下 1 千米，太阳光无法进入，因此也就不能利用光来观测太阳。不过，它可以利用中微子来观测太阳，还能为太阳“拍照”。与普通相机拍摄的太阳表面不同，从利用中微子拍摄的照片中可以看到太阳的中心区域。由于中微子就是在太阳中心区域产生的，所以利用中微子可以清楚地呈现太阳中心区域发生的反应。也就是说，利用中微子可以拍摄出太阳的“X光片”，我们可以根据这样的照片深入了解太阳内部的情况（图 3-8）。

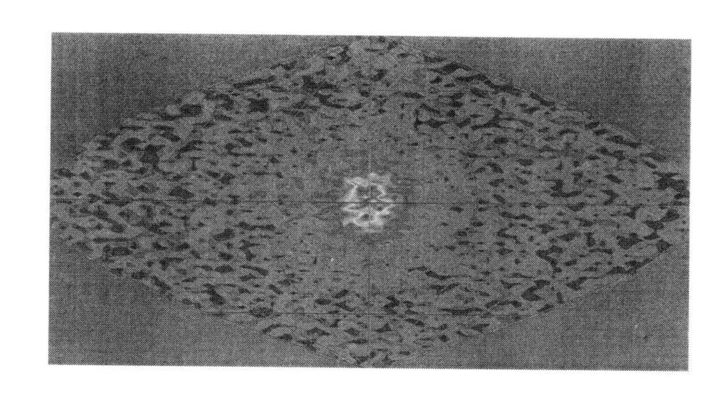

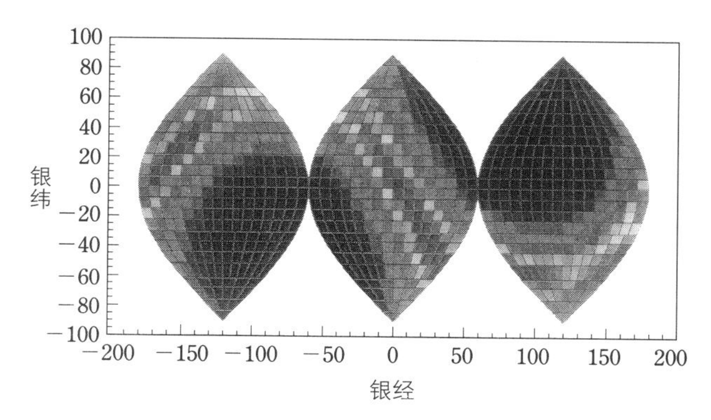

图 3-8　利用超级神冈探测器拍摄的太阳　上图依据太阳中微子侦测数据绘成，由此可以得知太阳内部的情况。下图展示了太阳在银道坐标系中的轨道

5. 太阳中微子问题

其实，从 20 世纪 60 年代开始，物理学家就早已利用来自太阳的中微子开展了相关实验。此前，尽管研究者也进行了大量相关实验，但是所有实验都遇到了令人费解的难题。

研究者发现，通过实验捕获的太阳中微子的数量要比理论预测的数值少很多，只达到预测值的三分之一到半数左右。研究者在很长一段时间里都无法解开这个谜题，谁也不知道为什么两者会出现如此大的偏差，这一谜题就被称为“太阳中微子问题”。

为解开太阳中微子问题之谜，很多物理学家都对此发起了挑战。其中有一种观点认为，这一切都是由于太阳即将燃烧殆尽所造成的。

地球与太阳相距 1.5 亿千米，所以来自太阳的光和中微子要耗时 8.3 分钟左右才能抵达地球。该观点认为，虽然中微子会立即逃离发生核聚变的太阳中心并在 8.3 分钟后抵达地球，但光却会遭遇太阳中心过高密度的阻挡，需要数千年才能到达太阳表面。

也就是说，我们现在看见的光其实是太阳在数千年加上 8.3 分钟之前产生的，而中微子却在 8.3 分钟之前产生，这可能就是实验得出的太阳中微子数量与理论值产生巨大差异的原因。由于光和中微子之间存在数千年的时间差，因此，虽然我们利用光观测到的太阳看起来似乎仍然活力四射，但这实际上是数千年前的太阳。如果从中微子的数量来看，现在的太阳已经丧失了活力，即将燃烧殆尽了。

这种假说一经提出就引发了轩然大波。为了揭示太阳中微子问题的真相，研究者在加拿大开展了 SNO 实验。该项目的实验设备位于地下 2 千米处，设备内部注入了数千吨的水。

该设备的观测结果显示，太阳产生的中微子在抵达地球之前变成了其他种类的中微子。由于太阳原本只能生成电子中微子，因此，如果仅计算电子中微子的数量，那么得到的数值就会比预测值少很多。但是，如果测定出三代中微子的数量并将其全部相加，得到的总数就和理论预测的数值相同了。也就是说，只是因为有一部分太阳生成的电子中微子变成了 μ 子中微子和 τ 子中微子，才使得电子中微子的数量看起来减少了，实际上中微子的总数并没有减少。

6. KamLAND 实验

至此，我们认为太阳中微子问题得到了解决。但是，难免还是有人会对此提出质疑：太阳的内部环境极其特殊，如果把从这样特殊的环境中产生的中微子换作人工制造的中微子，两者的实验结果真的会相同吗？为验证实验结果的准确性，日本东北大学中微子科学研究中心的研究团队做出了巨大的努力。他们对小柴博士首次捕获超新星中微子所使用的神冈探测器旧址进行了改造，在此建造了新的实验设备 KamLAND 探测器，并启动了新的实验项目（图 3-9）。

与神冈探测器不同，KamLAND 探测器不使用蓄水的设备，而是利用装满 1000 吨油的设备来捕捉中微子。此前用水很难发现能量较小的中微子，换成油后则可以清晰地进行观测，继而开展更加精密的实验。

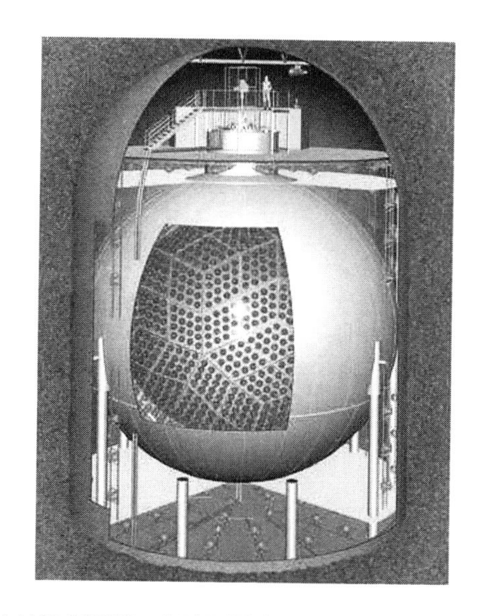

图 3-9 KamLAND 探测器 在神冈探测器旧址建造的新型中微子观测设备 KamLAND 探测器（日本东北大学中微子科学研究中心）

KamLAND 探测器观测来自日本 50 多座核电站的中微子。这些核电站都不在 KamLAND 探测器所处的神冈矿山附近，对于实验而言，核电站与探测器之间的距离足够远。只要核电站运转起来，核反应堆中就会产生中微子。如果 KamLAND 探测器能够捕获这些中微子，研究者就应该可以获知中微子发生了种类变化。这项实验需要极大的耐心。实验人员连续收集了 2002 年到 2008 年的数据后发现，产生于核电站的人工制造的中微子也存在中微子振荡现象（图 3-10）。

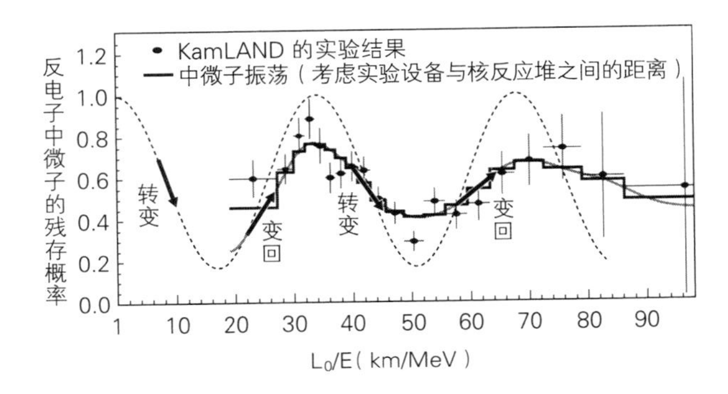

图 3–10 证明中微子振荡的实验 KamLAND 实验表明，产生于核电站的人工制造的中微子也存在中微子振荡现象（日本东北大学中微子科学研究中心）

我们利用超级神冈探测器捕捉中微子来观测太阳。其实，还可以利用中微子观测另外一个我们非常熟悉的天体的内部，它就是地球。中微子可以畅通无阻地穿过地球内部，所以我们能够利用它像拍摄 X 射线 CT 那样拍出地球的断层照片，研究者也由此解开了一个有关地球的巨大的未解之谜。

正因为地球接收着来自太阳的大量热量，人类才能在地球上正常生活。与此同时，地球也向宇宙空间释放高达 4×10^{13} 瓦特的热量，而仅凭吸收来自太阳的热量是无法释放出如此巨大的能量的。地球释放出的热量中，来自太阳的热量大约仅占释放总量的一半。研究者一直不清楚剩余的一半热量来自哪里。

但是，我们通过分析利用中微子拍摄的断层照片后可以发现，地球内部的铀原子和氦原子通过衰变也能生成中微子，并且在衰变过程中产生热量。这意味着地球向宇宙空间释放热量的另外一半是地球自身创造的，人类又解开了一个自然的谜题（图 3-11）。

图 3-11　地球的透视照片？ KamLAND 探测器利用中微子拍摄到地球的断层照片，其成果登上了《自然》的封面

小专栏——神冈探测器与中微子

虽然小柴博士利用神冈探测器成功捕获了中微子，但神冈探测器本来并不是用来观测中微子的实验设备。“神冈探测器”用字母可以表示为“KamiokaNDE”，我想大家一眼就能看出前半部分的“Kamioka”取自该设备的所在地神冈矿山。那么，最后的“NDE”代表什么意思呢？它是 Nuclear Decay Experiment 的首字母缩写，意思是“核衰变实验”。核衰变实验是一种观察原子核中的质子发生衰变的实验，神冈探测器本来是为了这个实验而建造的。

质子是一种非常稳定的粒子，不会轻易发生衰变。在过去，研究者曾一度以为构成我们身体的原子是永远存在的，直到物理学界掀起关于统一电磁力、弱力、强力的大统一理论的研究热潮，才出现了相关假说，认为向来稳定的质子也会发生衰变。

不过，虽说质子会发生衰变，但是它的寿命惊人，约长达 10^{34} 年。宇宙的年龄是 138 亿年，大概可换算成 10^{10} 年，对比之下二者的差距一目了然，质子的寿命竟然是宇宙年龄的 10^{24} 倍。也就是说，质子的寿命是宇宙年龄的“1 亿倍的 1 亿倍的 1 亿倍”。利用神冈探测器进行大规模实验，其目的就是观察具有超长寿命的质子的衰变瞬间。

当然，我们不能默默地等待质子发生衰变，因为质子的寿命比 10^{34} 年还长，如果只观察一个质子，等到它的衰变就需要 10^{34} 年以上。但是，如果我们能准备 10^{34} 个质子，那么每年就有可能出现一次质子的衰变现象，准备大量质子进行观测的想法也就应运而生了。为聚集足量的质子，研究者建造了巨大的装置来储水。由于一个水分子是由一个氧原子和两个氢原子构成的，而一个氧原子内有八个质子，一个氢原子内有一个质子，因此每个水分子中都包含 10 个质子。神冈探测器中蓄有 3000 吨水，由此聚集起 10^{32} 个质子。在建造神冈探测器的年代，研究者普遍认为质子的寿命是 10^{30} 年，所以汇集 10^{32} 个质子应该可以在一年之中观察到 100 次质子衰变的瞬间。

那么，怎样才能观测到质子发生衰变的瞬间呢？神冈探测器的水箱内壁上安装了大量名为光电倍增管的感应器。在质子发生衰变时会释放出一种叫作“切伦科夫光”的特殊光线。在质子衰变实验中，可以通过光电倍增管捕捉切伦科夫光来获知质子是否发生衰变。

但是，捕捉这种光时存在着一个难以排除的干扰项，它就是中微子。由于中微子不带电，所以当它进入水箱时我们是察觉不到的。不过，中微子偶尔会在水箱中与水发生碰撞，此时也会释放出切伦科夫光。因此，即使我们利用神冈探测器捕捉到了切伦科夫光，也无法区分它是源于中微子和水的反应，还是由质子衰变产生的。于是，为了排除中微子的干扰，物理学家开始利用神冈探测器进行中微子的相关研究。

第 4 章
极轻的中微子之谜

1. 中微子总是左旋的

以超级神冈探测器、加拿大 SNO、KamLAND 探测器等实验为代表，在世界各地开展的实验都表明中微子确实具有质量。这真是一项震撼世界的重大发现。

继中微子质量之谜水落石出后，研究者面前又出现了一个新谜题，即中微子是一种极轻的粒子。此前电子是大家公认的非常轻的粒子，而中微子的质量甚至不及电子质量的百万分之一。与其他基本粒子相比，中微子显然轻得不正常（图 4-1）。如果从质量的角度出发，可以看出中微子和其他基本粒子存在明显差异。那么，是否可以把它纳入其他基本粒子的同一类别中去呢？不过，中微子的确具有质量，这一点是标准模型理论框架所无法解释的。中微子极轻的性质也可能已经超出了标准模型的理论范畴。

基本粒子中只有中微子的质量非常“轻”，我们该如何理解这个问题呢？在这里，我希望大家能回想起前文提到过的反物质。在基本粒子的世界中，只要存在物质就必然存在反物质，所以中微子也有其对应的反物质——反中微子。反物质与物质的所有性质都相反，如果粒子带正电，那么它的反物质就带负电。

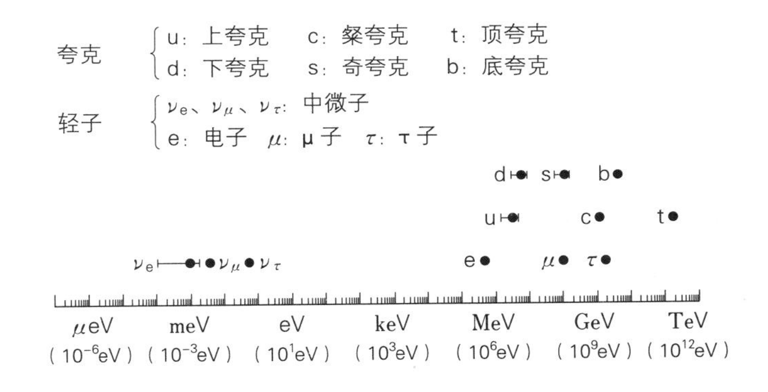

图 4–1　极其轻盈　与其他基本粒子相比，中微子轻得惊人

中微子是不带电的，所以它的反物质也不带电。那么，作为中微子的反物质，反中微子和中微子到底有什么性质是相反的呢？为了解开这个谜题，研究者启动了相关实验，而实验结果显示，中微子都是左旋的。我想大多数人在突然听到“中微子左旋”的概念时不能马上理解它的意思，我却因此想起了麻丘惠美的歌曲《我的他是左撇子》，虽然这两者之间并没有什么关系……但这首歌能让我感受到时光的流逝。接下来就让我们回归正题，继续进行有关中微子的话题吧。

如果深入观察绝大部分基本粒子，我们会发现它们像陀螺一样不停地旋转着，中微子也是旋转着前进的。如果粒子面向前进方向逆时针旋转，我们就称之为“左旋”，反之则称为“右旋”。绝大多数情况下，我们既可以观测到基本粒子左旋，也可以观测到基本粒子右旋。然而研究结果却表明中微子总是左旋，我们无法观测到右旋的中微子。

2. 超重量级的左旋反中微子

研究者曾经将仅能观测到中微子左旋的实验结果视为中微子没有质量的证据。这是为什么呢？举例来说，假如观察者从中微子后方追赶它，此时中微子看上去是左旋的。当观察者超越中微子再回头看时，中微子看上去就应该是右旋的。而在超越中微子并从回头看向它的瞬间，此时左旋和右旋的状态应该同时存在。

但是，无论研究者观测多少次都只能观测到左旋的中微子，这样的实验结果意味着观察者无法超越中微子，由此可以进一步推导出中微子是以宇宙最快的移动速度——光速前进的。不过，粒子要想以光速移动就不能具有质量，所以当时研究者普遍认为中微子是没有质量的。

有质量的粒子无论怎样加速都不能达到光速。即使利用超大规模的加速器，充其量也只可能加速至光速的 99.999%，绝不会达到 100%，爱因斯坦的相对论非常明确地说明了这一点。另外，通过实际研究我们可以发现，中微子都是左旋的，而反中微子则都是右旋的。

无论粒子多么轻盈，只要具有质量就无法以光速飞行。中微子的确具有质量，这就意味着可能存在右旋的中微子。虽然从理论上这样说行得通，但是迄今为止还没有人见过右旋且不带电的基本粒子。这到底是为什么呢？

只有中微子的反物质——反中微子符合前文中“右旋且不带电”的设定。也就是说，综合前文我们可以提出一种假设，即观察者超越中微子后回头看到的右旋的中微子，可能是反中微子（图 4–2）。

图 4–2　左旋变成右旋　观察者超越左旋的中微子后回头观察，此时的中微子看上去是右旋的

不过，仔细想想这真是非常奇怪的情况。中微子是物质，当观察者超越一种物质后再回头看它时，通常不会认为看到的是反物质，否则就意味着物质与反物质进行了互换。在其他粒子身上，可绝对不会发生这种怪事。

举例来说，电子左旋，而其反粒子——正电子右旋。由于二者电性存在正与负的差异，所以它们并不是同一种粒子。电子具有质量，我们当然可以超越它。当超越电子之后再回头看时，会看到左旋的电子变成了右旋的电子。同理，当我们超越右旋的正电子并回头看，也会看到右旋的正电子变成了左旋的正电子。因此，对于电子而言，物质与反物质的情况共有四种（图 4-3）。

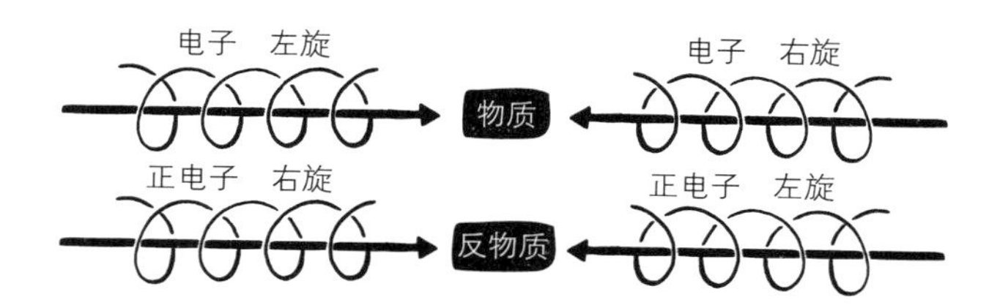

图 4-3　物质与反物质　物质与反物质都分别可以进行左旋和右旋

依此类推，如果将我们所知粒子的反物质也考虑到其中，那么就可以得到右旋的物质粒子、左旋的物质粒子、右旋的反物质粒子和左旋的反物质粒子这四类。

但是，我们无法在中微子身上套用这种模式。作为物质的中微子全都是左旋的，谁也没见过右旋的中微子。而反中微子又全都是右旋的，同样也没有谁见过左旋的反中微子。

谁也没见过这样的粒子意味着谁都无法制造出这样的粒子。也就是说，这是一种极重的粒子，凭借当前的技术水平，无论注入多大的能量，我们都无法制出这种超重量级的粒子。

3. 传达“力的统一”的基本粒子

当我们认为这样的解释似乎合乎逻辑时，新的问题又出现了。同样都是中微子，难道真的会出现左旋的中微子极轻、右旋的中微子极重的现象吗？这真让人百思不得其解。两种中微子只是旋转方向不同，是不是恰好因为这一点导致了右旋的中微子极重而左旋的中微子极轻呢？令人惊讶的是，通过实际研究后我们发现，这种假设很有可能是真的。

单从中微子具有左旋和右旋的粒子这一点来看，中微子与电子非常相似，按道理来说它也应该是很重的粒子。但是，假如只有右旋的中微子很重，那么就像倾斜的跷跷板一样，在跷跷板另一侧的左旋的中微子就会很轻。这一理论由柳田勉博士提出，他将其命名为“跷跷板机制”(图 4-4)。

从跷跷板机制的角度来看，幸亏存在这种极重的中微子，很轻的中微子才能变得越来越轻，从而也就可以顺其自然地解释为什么中微子轻得无法与其他粒子相比了。那么，这种极重的粒子究竟有多重呢？通过计算，我们发现它简直重得不像话。

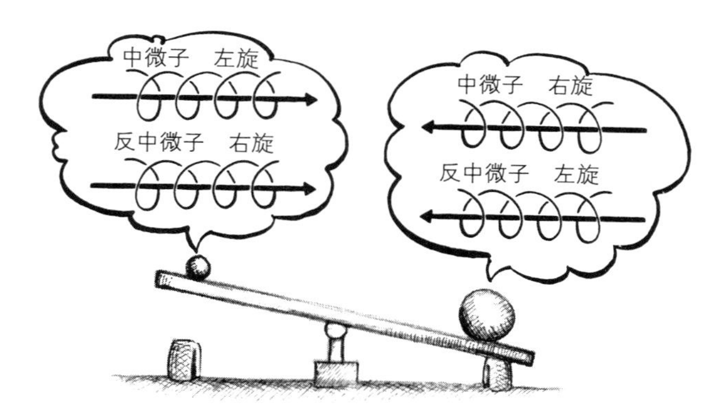

图 4-4　跷跷板机制　跷跷板机制对左旋中微子极轻的原因做出了解释，这是为了与变重的右旋中微子保持平衡

我们已知最重的基本粒子是顶夸克，而这种极重的右旋中微子的质量竟然要在顶夸克质量的后面再加上 13 个 0，只有在宇宙诞生初期才能形成这么重的粒子。那时的宇宙应该尚未区分出四种力，

所以研究中微子可能会让我们得知力的统一是如何发生的（图 4-5）。中微子可能是向我们传达“力的统一”的信使。

图 4-5　力的统一　研究在宇宙初期形成的中微子可能会获得关于力的统一的启示

4. 左旋中微子极轻的原因

虽然现在研究者围绕中微子的质量问题展开了一系列讨论，但在过去，标准模型理论认为基本粒子是没有质量的。实际上，很多基本粒子都具有质量，前文集中讲述的中微子也是其中之一。

在标准模型理论中，希格斯玻色子被视为一种能给予没有质量的基本粒子以质量的粒子。2012 年 7 月，研究者成功发现希格斯玻色子的新闻轰动了世界，我会在第 6 章对这种粒子进行详细的介绍。

那么，希格斯玻色子和中微子有什么联系呢？目前研究者只发现了左旋的中微子，在理论上，如果它与希格斯玻色子碰撞，一定会变成右旋的中微子。但如果世界上真的不存在右旋的中微子，那么这种变化也就无法发生了。这种情况下，左旋的中微子会维持左旋的状态径直穿过希格斯玻色子布下的包围圈。这是因为在标准模型理论中，只有右旋的粒子会受到希格斯玻色子的影响而减慢运动速度，左旋的粒子不会受到任何影响。

这一点非常重要，我必须在这里再次强调一下。按道理来说，左旋的中微子与希格斯玻色子碰撞后应该会变成右旋，但是我们却没有发现右旋的中微子。如果中微子始终保持左旋，那就意味着它不会与希格斯玻色子发生碰撞，我们由此可以推导出中微子没有质量。然而实验证明中微子的确具有质量，这说明中微子确实与希格斯玻色子发生了碰撞。于是忽然之间，研究者意识到也许真的存在右旋的中微子。但是正如前文提到过的那样，迄今为止谁也没见过右旋的中微子，因此我们认为它是超重量级的粒子。

另外，我们可以利用前文提到的跷跷板机制来解释左旋中微子与右旋中微子产生质量差异的原因。左旋的中微子与希格斯玻色子碰撞后变成了右旋的中微子。然而，因为左旋的中微子极轻、右旋的中微子极重，二者之间存在巨大的能量差，所以左旋中微子不得不从其他地方借来能量，否则就无法转变成右旋的中微子。

根据量子力学的不确定性原理，能量允许被借用。如果我们引用这一原理，那么对中微子左旋与右旋的关系就可以做出如下描述：左旋的中微子与希格斯玻色子发生碰撞后，从周围借来能量，变成了右旋的中微子。但是，借用了大量的能量需要马上返还。也就是说，左旋的中微子虽然在借用了大量能量后变成了右旋的中微子，但由于必须马上返还借来的能量，所以它在变成右旋的瞬间又立刻变回了左旋（图 4-6）。

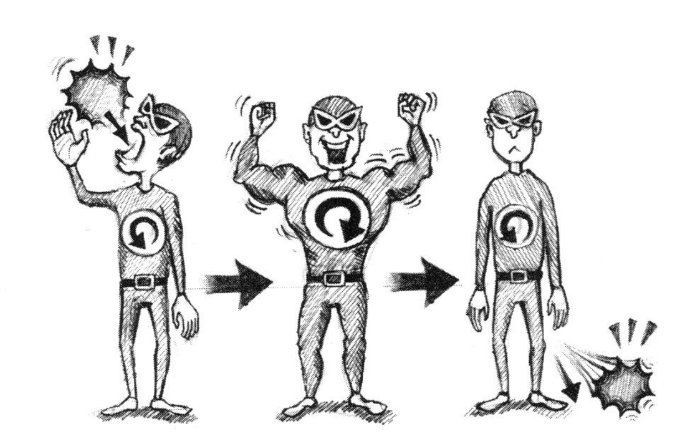

图 4–6　量子力学的“诡计”　根据不确定性原理，在极短的时间内能量可以被借用，所以极轻的中微子能够在一瞬间内变成超重量级的中微子

中微子立刻变回了左旋状态，这说明希格斯玻色子阻拦右旋中微子的时间很短。即使希格斯玻色子抓住了左旋的中微子，后者也

能立即脱身，所以左旋的中微子只能从希格斯玻色子那里获得微乎其微的质量。这就是跷跷板机制的观点。

答疑解惑

提问：2011 年秋天，曾经有人宣称发现了超光速中微子。这在当时引发了巨大轰动，不过随后这一发现就被证实是错误的。真的不存在能超越光速的物质吗？

村山：是的，我认为任何物质都无法超越光速。如果真的存在，那么就会发生各种各样奇怪的、不符合逻辑的事，所以我认为不会有这样的粒子出现。

“中微子可能超越了光速”，公布这一消息时我正身处美国，但却马上接到了报社记者打来的电话。我查看了相关的实验数据，觉得“这也不能说明中微子超越了光速吧”，所以就这样回答了那位记者：“我想中微子并没有超越光速。”报社记者果然非常厉害。当我想继续解释如果中微子超越了光速会怎样时，他向我提问道：“但是，如果中微子确实超越了光速，那么会发生什么呢？”

我不由自主地说：“如果是真的，那就证明存在着比光还要快的物质，我们就能向过去发送信号了哦。”虽然这么回答有些不妥，但听到这里记者又向我确认道：“也就是像时间机器之类的东西吧？”我回答道：“差不多吧。所以才说不可能存在比光速快的物质啊。”

然而，第二天报纸上却刊登出了“村山齐说可以打造时间机器”的报道。

其实我想说，如果中微子超越了光速人类就能打造出时间机器，这么荒唐的事怎么可能发生呢？也许那位记者是想尽可能地描绘出人类的梦想吧。有些跑题了。宇宙中无法存在比光速还要快的物质，所以我认为，“没有”就是最合理的回答。

第 5 章
中微子是淘气鬼?

1. 力的统一与中微子

目前，我们尚未完成能统一四种力的理论，用来统一电磁力、弱力、强力这三种力的大统一理论也在完成前夕。不过，作为能够一举统一四种力的理论，超弦理论被寄予厚望。

为了统一四种力，超弦理论主要引入了两大观点。在第一大观点中，超弦理论认为基本粒子并不像人类一直以来认为的那样是没有体积的点，而是由非常微小的一维的弦构成的。

由于不可见的弦非常微小，所以目前人类发现的基本粒子很有可能是弦以不同状态进行振动而产生的，这听起来似乎有些不可思议。基本粒子不是点，它们由弦构成。根据这种观点，我们可以把迄今为止不能和其他三种力统一的引力也纳入同一个理论框架内。同时，我们也期待着超弦理论能够实现四种力的统一。

第二大观点是超对称性。超弦理论的“超”字就是指超对称性。在前文中我们曾提到过基本粒子的 P 对称性和 C 对称性，除此之外我们还需要考虑到新的对称性。为了统一四种力，需要将构成物质的费米子和传递力的玻色子概括成一种粒子，通常来说这很难做到。但是，如果引入超对称性的概念，那么就能实现二者的统一了。

不过这样一来，基本粒子的数量会突然间增加很多。目前人类已知的费米子共有 12 种，它们对应 12 种反粒子，这样就有 24 种基本粒子。此外，这 24 种粒子还有左旋和右旋的区别，基本粒子的数量由此增加到了 48 种。如果再加上 12 种人类已知的玻色子，粗略地统计下来，基本粒子的数量就超过了 50 种。在此基础上如果引入超对称性的概念，那么粒子的数量还会进一步翻倍，多达 100 种以上。

为什么会出现这样的现象呢？假如真的存在超对称性，那么人类已知的粒子与反粒子在通过超对称性反转后会产生新的搭档粒子，物理学家把这些粒子的搭档称为“超对称粒子”。超弦理论试图通过引入这样的观点来统一四种力。

在这里要顺便告诉大家，被认为是质量最小、最稳定的超对称粒子叫作“中性微子”（neutralino），它是暗物质的有力候选者之一，也是光子、Z 玻色子和后文即将出现的希格斯玻色子的搭档粒子。因为这种粒子呈电中性且自旋为 1／2，所以它看上去就像是中微子的“亲戚”。

2. 中微子的馈赠

这一小节我们要将话题回归到中微子上来。在上一章中，我们讲述了观察者超越左旋中微子后回头观察会看见什么，并推测此时看到的右旋中微子很有可能就是反中微子，这种观点也许能解开关于宇宙的巨大谜题。

如果右旋的中微子真的是反中微子，那么我们就该感谢中微子，因为是它使人类能够在宇宙中存在。

物质与反物质在相遇后会释放出巨大的能量并发生湮灭。它们两者总是成对湮灭、释放能量，而释放出的能量会再次产生成对的物质与反物质。

宇宙在诞生之初积蓄着大量的能量，形成了很多物质和反物质。由于二者总是成对产生，所以按道理来说它们的数量比例不会发生变化，始终保持一比一的状态。但是，如果物质与反物质真的是按照一比一的比例等量产生的，那么当宇宙逐渐变大并逐渐冷却下来时，一旦物质与反物质再度相遇，二者之间依然会发生一比一的等量湮灭，所以最终什么也不会留下，宇宙应该进入虚空的状态。然而，现在的宇宙并非空空如也，我们人类就存在于宇宙之中。为什么会出现这样的情况呢？

问题的关键正是中微子。宇宙在诞生之初确实蓄积了巨大的能量，并且产生了比例为一比一的物质与反物质。但是，当我们超越了左旋的中微子并回看它时，很有可能看到它变成了右旋的反中微子。这是不是意味着中微子具备转换物质与反物质的能力呢？

也就是说，虽然中微子与反中微子也像其他的物质与反物质一样，以一比一的比例成对产生，但中微子却和我们开了个小玩笑，每10亿个中微子中会有1个中微子破坏反中微子和中微子的数量平衡。虽然这一切只是人类的猜测，但如果宇宙中真的曾经发生过这样的现象，那么即使物质与反物质相遇后发生湮灭，最终由于粒子数量的偏差二者也不会全部消失，会有一些物质残留下来（图5-1）。这些残存下来的物质构成了恒星和星系，并逐步“变成”了我们。

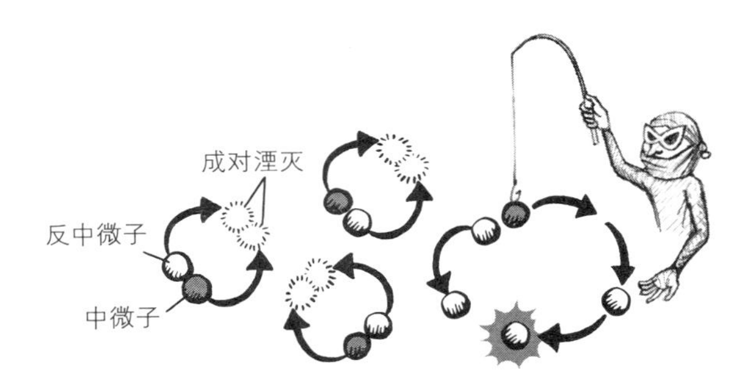

图 5–1　物质的诞生　在宇宙诞生之后，可能存在某种物质打破了中微子与反中微子的平衡

即使只有极少量的反物质能转变成物质，我们也能以此解释宇宙中为什么只留下了物质，为此，研究者无论如何都想要找出能将反物质转变成物质的方法。但是，对于具有电性的普通物质粒子而言，要想实现反物质到物质的转变是非常困难的，这无异于要求体操运动员表演难度系数为 G 的绝技。这是因为带正电的粒子对应的反粒子带负电，通常来说受电性的影响二者无法实现转换。

中微子不带电，而且具有质量。具备了这样的条件，观测者就应该能够在超越中微子后回头观察时，看到原本左旋的中微子变成了右旋。这种“诡计”让我们看到了物质与反物质互换的可能性，也令我们期待能出现一种将反中微子转变成中微子的反应。为此，研究者利用 KamLAND 探测器开展了捕捉该反应的实验。

我曾在第 3 章向大家介绍过，KamLAND 的观测设备中存储了大量的油，油中则溶解了氙气，研究者认为由此或许可以观测到反中微子变成中微子的现象。氙原子核非常大，其内部存在很多中子。如果这些中子发生 β 衰变，那么就会产生电子和反中微子。

虽然反中微子本身是右旋的，但对于在它附近的中子来说，反中微子看上去很有可能是向左旋的。如果情况果真如此，那么中子就会吸收反中微子并且再释放出一个电子。也就是说，如果氙原子核只释放出两个电子，就意味着反中微子在氙原子核的内部变成了中微子，开展 KamLAND 实验就是为了捕捉到这种反应。目前，该实验项目已经启动，研究者很有可能首次观测到中微子和反中微子的互换反应，我们对此充满期待。

3. 用中微子研究物质与反物质

但是，即使 KamLAND 实验获得成功，实验结果也只能证明物质与反物质发生了转换，它并不能完全解释我们存在于宇宙之中的原因。为什么反物质能转变成物质，而物质却不能转变成反物质呢?

要想解释物质残存下来的理由，我们必须找出物质与反物质的行为差异。

在研究二者的区别时，中微子发挥了极其重要的作用。中微子共有三种，目前人类已知其中的一种中微子可以转变成其他种类的中微子，我们期待着能够利用这一点发现物质与反物质的行为差异。举例来说，我们可以分别测定 μ 子中微子转变成电子中微子的概率以及反 μ 子中微子转变成反电子中微子的概率，并由此观测二者的行为差异。如果能发现中微子与反中微子的行为差异，那么关于宇宙诞生后物质残存而反物质消失之谜，我们就极有可能获知其答案。

4. μ 子中微子变成了电子中微子

μ 子中微子变成了电子中微子，这种反应是上述实验的大前提。然而，由于尚未观测到这种反应，因此研究者自 2010 年开始先启动了探寻该反应的实验。

该实验利用位于日本茨城县那珂郡东海村的加速器 J-PARC 制造

出中微子束，并将其发射至与J-PARC加速器相距约300千米的神冈矿山，再利用位于神冈矿山的超级神冈探测器捕捉发射出的中微子。我们将该实验命名为“T2K实验”，这一名称源自日语罗马字中“东海村”的首字母T和“神冈”的首字母K（图5-2）。

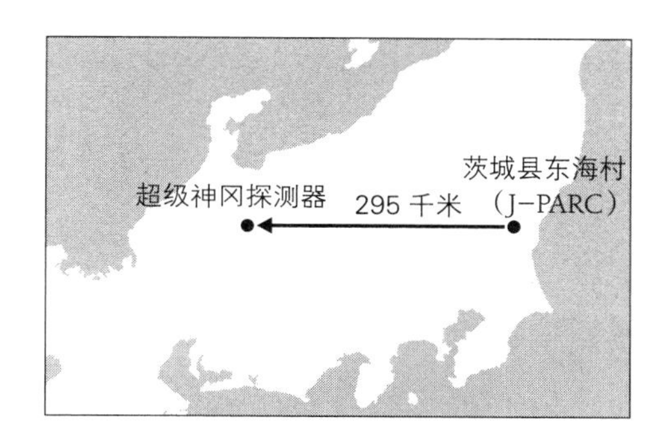

图5-2 T2K实验 利用超级神冈探测器观测由位于茨城县东海村的质子加速器J-PARC制造的中微子

从这个实验的名字来看，似乎只有日本一个国家参与了实验，但其实这是一个国际合作的实验项目，实验团队是由来自12个国家的500名实验物理学家组成的。在这个规模庞大的团队中，日本人甚至不到100人，而外国人却多达400余人。我们已经进入了多个国籍的物理学家齐聚日本共同开展实验的时代。

由于这个实验需要捕捉从300千米之外发射而来的粒子束，所以确保时间的准确性是非常重要的。我们不能隔着这么远的距离喊一声“预备——开始”来通知对方实验已经开始，必须要利用在汽车导航系统中使用的 GPS 才行。我们可以通过汽车导航系统获知自己所在的位置，我想肯定有人认为只能用它来定位。其实，汽车导航系统最擅长测定时间。它可以精确地测定时间，继而准确地推断出位置。

中微子前进 300 千米大约只需要千分之一秒。由于 GPS 可以测定出这么短的时间，所以如果人类用它来进行测定，那么就能确保在中微子束射出千分之一秒后，300 千米之外的超级神冈探测器可以捕捉到中微子。

在该实验启动半年后发生了东日本大地震，东海村的 J-PARC 加速器也遭到了极大的破坏，经过近一年时间的抢修才使其恢复运行，在此期间实验被迫停滞。不过，研究人员通过分析地震前的数据得知，99.3% 的 μ 子中微子确实变成了电子中微子，这一发现也成了当时的重大新闻，轰动了全世界。大家也许觉得，99.3% 的概率不就可以说明 μ 子中微子的确能变成电子中微子了吗？遗憾的是，在物理学中，99.3% 的概率还远远不能确保实验结果的准确性。在大多数情况下，如果不能精确到 99.9999% 就不能称之为“发现”。因此，这个结果当然也就没能成为“发现”了。

J-PARC 加速器于 2011 年 12 月恢复运行，现在已经重新启动了相关实验。但是，就在它停止运行的期间，中国的研究团队利用一种完全不同的方法，在实验中发现了μ子中微子变成电子中微子的中微子振荡现象。

中国的研究团队没有使用粒子加速器，他们的方法是捕捉来自核反应堆的中微子。具体来说，就是在配备了六座核反应堆的发电站附近，以及距核电站较远的位置分别安装中微子检测设备，然后比较远近两地的测定结果。在发电站附近测定的结果显示，较远处捕捉到的μ子中微子数量应该为10 130个，而实际只捕捉到了9900个。

μ子中微子的数量减少了这么多，这意味着中国的研究团队确实发现了μ子中微子变成电子中微子的中微子振荡现象。根据该研究团队发布的实验报告，结果出错的可能性仅为0.000 000 1%。

其实，除了中国以外，韩国也开展了类似的实验，他们也给出了一份数据精确度基本相同的报告。在日本的研究团队受地震影响被迫停止实验的期间，中国和韩国赶超了日本，这真是令人感到非常遗憾。

不过，日本的研究团队并没有就此消沉。为了在今后的研究工作中奋起直追，日本正在策划规模更加宏大的实验项目。目前，研究团队想要建设一种新的实验设备，它的规模将比超级神冈探测器大 20 倍，并能储水 100 万吨。该实验设备的选址地已经确定，钻探调查工作也已经完成。

如果真的能够建成这样的设备，那么目标规模就会增至原来的 20 倍，获得的数据量也将提升至原来的 20 倍。但我认为这样做无法充分发挥出此种大型设备的功效，如果条件允许，我想通过增强设备发射出的中微子束的方法来获得更多的数据。

目前，我们正在研究打造出强度更高的粒子束的方法。我认为，如果人类能详细了解 μ 子中微子变成电子中微子、反 μ 子中微子变成反电子中微子的机制，并仔细比较这两种现象的差异，就有可能获知物质残存于宇宙而反物质却消失了的原因。

答疑解惑

提问：据说现在存留在宇宙中的物质大多是类似于原子核这样的大质量粒子，与中微子并没有什么关系。我觉得即使反中微子变成了中微子，这也和原子核等物质没有什么关系。您能告诉我它们的关系到底是怎样的吗？

村山：这真是一个好问题。在很长一段时期里，物理学家也这样认为，直到 1985 年研究者才改变了这种看法。通过长时间的研究和讨论，我们终于明白了其中的奥秘。

宇宙中共存在四种力。当前的宇宙存在对称性破缺，这使得我们在日常生活中几乎注意不到弱力。弱力的有效作用距离仅为 1 纳米的十亿分之一左右，几乎不会对原子核外侧产生作用。

但是，根据标准模型理论可知，弱力和我们平时能直观感受到的电磁力其实是同一种力，而我们之所以能够感受到电磁力是因为它的作用距离很远。虽然两种力的作用范围完全不同，但实际上它们属于同一种力。

这也是一个能体现出对称性的例子。在宇宙诞生之初，弱力和电磁力具有对称性，它们属于同一种力，但是现在这种对称性遭到了破坏，使得它们看上去似乎是两种完全不同的力。标准模型理论认为，正是由于整个宇宙中充满了希格斯玻色子，才导致了对称性的破缺。

在宇宙诞生之初，希格斯玻色子由于宇宙温度过高而“四处乱飞”，此时弱力和电磁力保持着对称性，具有相同的性质和行为，而构成我们身体的夸克和中微子也可以互相转换。虽然现在的宇宙由于温度过低不会发生这样的现象，但是在宇宙形成之初完全可以实现夸克和中微子的自由变换。

因此，如果中微子的粒子与反粒子产生了数量偏差，那么就会将该机制传递给夸克，导致夸克与反夸克之间也出现数量偏差，所以原子与反原子也在数量上产生偏差。

正如日本的谚语“大风刮来个聚宝盆”所言，这种机制就好比蝴蝶效应，事物之间总是有着千丝万缕的联系。从最初中微子与反中微子出现数量差，到构成我们身体的物质与反物质之间出现数量差，其中包括了很多个步骤和阶段。只要我们能够深入把握这一复杂过程的各个阶段，制造出在最初产生的中微子与反中微子的数量差，那么随后就基本能得到正常的物质与反物质的数量差。

第 6 章
希格斯玻色子的真相

1. 希格斯玻色子是“上帝粒子”？

在前文中，我们以中微子为中心来寻找人类能够存在于宇宙之中的原因。其实，除了中微子以外，还有一种重要的基本粒子与我们的生存息息相关，它就是希格斯玻色子。

2012 年 7 月 4 日，希格斯玻色子被发现的新闻轰动了全世界。公布这一消息的是位于瑞士的欧洲原子核研究中心（CERN）。在公布发现了希格斯玻色子信号的瞬间，现场的物理学家们全都兴奋地振臂欢呼了起来。

在距今 55 年前的 1964 年，彼得・希格斯博士提出一种预言，认为宇宙中存在希格斯玻色子（图 6-1）。为了验证这个预言是否正确，物理学家在 35 年前左右提出相关的实验设想，15 年前左右开始基于这个设想建造实验设备，而终于在这一次成功捕获了希格斯玻色子。当天，希格斯博士也专程来到会议现场，见证了这一珍贵的历史瞬间。

图 6-1　彼得·希格斯博士　希格斯博士提出了使基本粒子获得质量的希格斯机制，并预言了希格斯玻色子的存在（CCBY-SA2.0）

日本的研究团队也为探索希格斯玻色子的工作做出了贡献。以东京大学的副教授浅井祥仁博士为主导，该研究团队积极参与了数据解析的工作。浅井博士一边通过互联网转播 CERN 的发布会实况，一边向在日本的研究人员解读相关情况。我们卡弗里数学物理联合宇宙研究所的成员也集体观看了转播。由于我当时正在美国，很遗憾不能与同事一起观看，不过我以视频会议的形式在美国与同事们一起收听了 CERN 的发布会。发布会结束时美国西海岸已经是凌晨一点半了，然而我却兴奋得睡不着。那真是令全世界的物理学家都兴奋不已的一天啊。

那么，这种让物理学家欣喜若狂的希格斯玻色子到底是怎样的粒子呢？基本粒子的标准模型理论认为，所有的基本粒子原本都是没有质量的，但实际上，夸克、电子、中微子等大多数基本粒子都有质量。为了解决这个矛盾，存在希格斯玻色子的假想便应运而生了。

举例来说，假如电子原本没有质量，那么它就能以光速在空间中快速穿梭，但是在穿越的过程中却与希格斯玻色子发生了碰撞，从而降低了它的运动速度，电子由此获得了质量。也就是说，普通的基本粒子在空间中穿梭时会遭遇希格斯玻色子的干扰，继而获得质量。

那么，希格斯玻色子在空间中分布的疏密程度如何呢？在一块方糖大小的空间内，密密麻麻地挤着大约 10^{62} 个希格斯玻色子。虽然我们无法实际感受到它们的存在，但我们一直在充满希格斯玻色子的空间中活动。物理学家普遍认为，希格斯玻色子的密度远远高于其他粒子。话虽然这么说，但是希格斯玻色子刚被发现，还无法断定这种粒子是否真的充满了宇宙空间。这将是我们今后的研究课题。

发现希格斯玻色子的是 CERN 在瑞士日内瓦建造的大规模实验设备 LHC。该设备位于瑞士和法国边境线附近的地下，其隧道总长几乎与长度为 27 千米的日本铁路线——山手线差不多。在如此庞大的隧道中装配着超导磁铁等许多高科技设备（图 6-2）。

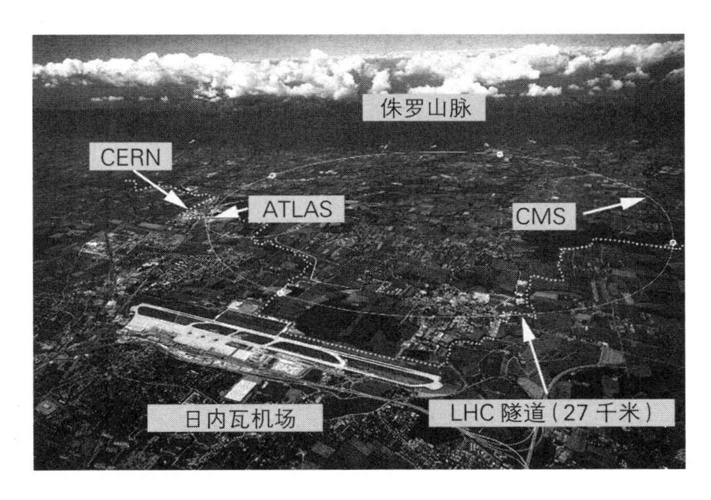

图 6-2　LHC　建造于瑞士日内瓦地下的大型粒子加速器 LHC。该设备隧道全长 27 千米，长度相当于日本的山手线（CERN）

设置在 LHC 中的隧道呈圆形，按道理来说，如果我们进入这个隧道，应该会在行进途中发现它是弯曲的。但是，由于 LHC 的规模非常巨大，所以即使我们进入其中也会看到隧道是笔直向前延伸的。该实验的主要方法是，首先在这个巨大的圆形隧道中发射两个质子，利用超导磁铁使其不断加速。当质子进入高能状态时，再让它们相互猛烈撞击。这样做是为了模拟宇宙诞生之初的环境，相当于重现宇宙大爆炸。当然，重现大爆炸也是非常危险的，如果再创造出一个宇宙来那就很麻烦了。

在 LHC 正式投入运行之前，真的有人担心这个实验会引发大爆炸，他们由此发起了抗议运动。其实，物理学家们只是想在实验室内模拟出一种类似于在宇宙形成之初发生的反应，其规模要比大爆炸小得多，这只是一种引发“小爆炸”而非“大爆炸”的尝试。物理学家们只是单纯地想通过激发这样的反应来获知宇宙最初的状态。

希格斯玻色子也被称为“上帝粒子”。这个名字最早出现在利昂·莱德曼博士（1988 年诺贝尔物理学奖得主）的著作标题中，他把希格斯玻色子称为“god particle”。但也有传闻煞有介事地宣称，莱德曼博士本来好像并没有打算为希格斯玻色子起“上帝粒子”这么华丽的名字。据说他当时已经对这个寻找了 30 多年依然没有现身的粒子失去了耐心，于是称其为“该死的粒子”（goddamn particle），后来逐渐流传成了更加简短的“上帝粒子”（god particle）。如果事实果真如此，那么这个名字本来想要表达的意思似乎并不怎么好。不过，经过漫长的探索，物理学家们终于发现了希格斯玻色子，我们可以从这个名字中理解到他们迫切希望发现希格斯玻色子的心情。

2. 利用小型汽车的碰撞打造重型坦克

LHC 利用极高的能量加速质子，然后再让粒子相互发生猛烈撞击。这种实验原理看似非常简单，但要想顺利进行实验还需要克服很多困难。我们首先需要制造出速度极快的质子，这就包括了好几个步骤。

第一个步骤是准备好用来加速的质子。当然，在我们的身体中也含有质子，所以只要将它们提取出来就可以了。不过，获得质子最简单的方法是从氢原子中剔除电子。

接下来就是对质子进行加速，而加速也无法一气呵成。物理学家首先要在直线加速器中对质子加速，之后再利用全长 628 米的质子同步加速器（proton synchrotron，PS）为其加速。质子同步加速器建造于 1959 年，由于它已经运行了 50 多年，因此总是出现各种各样的故障，今后还需要全面维修。

在经过质子同步加速器的加速后，下一步质子就要进入超级质子同步加速器（super proton synchrotron，SPS）了。我们可以看出，这个直白浅显的命名显然没有耗费物理学家太多的精力。这个加速器全长 7 千米，质子在其中能够获得高于质子同步加速器的速度。该设备建造于 1976 年，至今已经运转了 40 多年。

经过上述几个阶段的加速，质子将最终进入规模最大的实验设备 LHC。LHC 这个名字意思非常简单无趣，它是 large hadron collider 的简称，直译过来就是“大型强子对撞机”。总之，质子在进入 LHC 后会不断加速、发生碰撞，直到进入最终阶段。

但是，我们不清楚进行质子碰撞会引发生什么样的反应，为此还需要安装探测器。质子加速器的规模都非常庞大，探测器的规模同样也很大。此次利用 LHC 探寻希格斯玻色子的两个实验分别是 ATLAS 和 CMS。

日本参与了 ATLAS 实验。该实验的设备高达 22 米（图 6–3），其大小和放倒后的超级神冈探测器差不多。CMS 实验的设备要比 ATLAS 的小一些，但也高达 15 米。在非专业人士眼中，二者应该都属于巨型的实验设备吧。为了研究在微小的质子间发生的碰撞，竟然需要动用如此巨大的设备，这在旁人看来可能是一件非常不可思议的事情。

图 6-3　ATLAS 实验的探测器　全长 44 米，高 22 米（CERN）

这些设备都设置在 LHC 加速器的地下隧道中，加速后的质子就是飞到了这些设备里。如果在对面放入另一个质子，同样使其加速，并且让这两个质子在设备的正中央发生正面撞击，那么就会由此产生许多种物质。

我想大家凭直觉也能想到，如果两个质子发生了正面碰撞，那么它们会因此而破碎分解。这就好比从两边向中间扔出两个大福饼，二者发生正面撞击后会散落出里面包着的豆馅儿。同理，当两个质子发生相互撞击时，从它们的内部也会飞溅出各种物质，只不过在探索希格斯玻色子的实验中，研究者对散落出的“豆馅儿”并不感兴趣，他们感兴趣的是在碰撞时产生的新物质。

爱因斯坦曾经说过，能量与质量可以互相转换，这句话一般用著名的公式 $E = mc^2$ 来表示。根据这个公式，只要能够聚集巨大的能量，那么这些能量就能转换成具有质量的物质。利用 LHC 加速器进行的实验就是要使两个质子发生碰撞并由此创造出质量更大的粒子。打个比方来说，这就相当于让两辆小型汽车加速至极高速后相撞，而碰撞所产生的能量能打造出推土机、坦克等重型车辆（图 6-4）。因此对于探索希格斯玻色子的科研团队而言，四处散落的小汽车碎片其实是一种干扰，他们要寻找的是从撞击中产生的坦克。

图 6-4　希格斯玻色子的诞生过程　加速至接近光速的质子拥有巨大的能量。如果质子间发生了碰撞，那么就能产生希格斯玻色子等大质量的粒子

3. 10^{15} 次撞击产生 10 个希格斯玻色子

日本的研究团队参与了 ATLAS 实验，这个实验的名字来源于根据希腊神话中在世界尽头永恒支撑天球的大力神。因为 ATLAS 实验团队需要使用的巨型设备高达 22 米，所以他们引用了这样的名字，而建造这个设备竟然花费了 10 多年的时间。

在两个质子发生正面撞击后，碰撞中产生的大量粒子会朝四面八方飞溅。在 ATLAS 实验中，为了将这些粒子全部捕获，物理学家安装了多种不同性质的探测设备。一种设备只能捕获一种粒子，要想捕获质子碰撞过程中产生的所有粒子就需要大量不同的设备。

ATLAS 实验与 CMS 实验使用的都是 LHC 加速器，它们互为对手，一直处于竞争状态。两个实验团队都在观测质子的对撞情况，而他们的实验设备却分别位于 LHC 加速器的不同位置。虽然两个实验组共同采集数据，但在这样的情况下，两组都干劲儿十足、互不相让，希望自己的团队能率先发现希格斯玻色子。

我在前文中也曾经提到过，这两组实验都是通过质子的撞击从而产生希格斯玻色子。研究人员的目标不是四处散落的“豆馅儿”，他们梦寐以求的是质子在相互撞击时产生的新粒子，而在实验过程中观测到的希格斯玻色子却寥寥无几。两个质子只要发生一次撞击就能产生大量的粒子，如果不断重复这种碰撞，那么每次撞击又会产生不同的粒子。这些粒子基本都和希格斯玻色子毫无关系，对于研究人员来说，这简直就像毫无意义的垃圾。

无论是哪个实验小组，只要能从一年之内重复进行的 10^{15} 次质子对撞中发现大约 10 个与希格斯玻色子有关的粒子就十分满足了。说起来这就像从垃圾填埋场中寻找一根放在旧衬衫口袋中的针，简直是太困难了。

如此棘手的工作能够得以顺利开展，除了得益于探测器之外，还要归功于计算机技术的进步。计算机可以实时处理大量实验数据，并能从中提取出研究人员希望得到的数据，从而确认是否存在与希格斯玻色子有关的粒子。在实验中，特别是网格计算（grid computing）发挥出了巨大的威力。这种计算模式利用互联网把分散在世界各地的大量计算机组织成类似于一台超级计算机的计算网格，我们只要将自己想运行的计算放到互联网上，该计算模式就会自动识别出当前所有计算机中最有空闲的一台来进行计算。因此，在日本输入的计算很有可能是在德国的计算机中完成的。一旦世界各国开启了这种国际合作，我们就能越来越轻松地从庞大的数据中找到想要的结果。

4. 99.999 94% 的准确率

人类在 2010 年正式启动了利用 LHC 加速器进行的实验。其实，早在 2008 年 LHC 加速器就已经开始运转了，但它很快就出现了故障，经过一段时间的修理之后才重新投入使用，所以延迟了它的正式启动日期。

从 2010 年开始，相关实验进展得十分顺利，实验数据逐渐积累了起来。2011 年 12 月，研究人员召开了关于实验的首次会议，此时发表的报告只是一种不确定的结果。他们虽然在数据中发现了类似希格斯玻色子出现的迹象，但由于准确率较低，所以无法断定这就是希格斯玻色子。连续投掷两次骰子偶尔都会出现六点。由于当时的错误率和骰子两次都出现六点的概率差不多，所以不能说实验观测到的绝对是希格斯玻色子，因此研究人员只能在官方报告中做出实验结果尚不明确的声明。

无论多么谨慎地采集数据，人为操作都必然存在出现错误的可能性。此外，研究人员想要从不相关的数据中找出有用的数据，这就像从一座垃圾山中寻找一根针，偶尔也会有一些“垃圾”看上去像是研究人员希望得到的数据，因此必须万分小心才行。

为了避免错误的出现，从事基本粒子物理学实验的相关人员对此设置了极其严苛的条件。在找到某种新物质后，只有发生错误的可能性为 0.3%，即准确率达到 99.7% 时，才能说研究人员掌握了新物质出现的证据，此时我们仍然不能称之为“发现”。在基本粒子物理学的专业术语中，我们可以用 3σ 来表示 99.7% 的准确率。

σ（西格玛）是统计学中经常出现的标准差。大家应该都经常见到表示考试成绩的“偏差值”吧？虽然我个人不是很喜欢这个数值。偏差值的平均值为 50，1σ 表示 1 标准差，而每增加 1σ 时偏差值就会增加 10，也就是会增至 60。依此类推，3σ 对应的偏差值为

80。我们几乎见不到考试成绩的偏差值为 80 的人，但在基本粒子的领域中，即使偏差值达到 80，我们也不能说这就是一项确切的发现。

要想称之为“发现”，我们就必须将准确率提升至 99.999 94%，这一准确率可以用 5 σ 来表示，此时的偏差值为 100。偏差值为 100 相当于从 1 亿人中选出特定的 40 人。只有当发生错误的可能性降低至随机向全体日本人投掷石头却砸中了特定的 40 人时，我们才能称之为“发现”。

在 2011 年 12 月，由于当时阶段性成果的准确率甚至达不到 99.7%，所以在首次会议上研究人员只能表明实验结果尚不确定。不过仅仅过了半年，在 2012 年 7 月研究人员就成功地将准确率提高到了 99.999 94%，因此“人类发现了玻色子”的消息不胫而走，在全球范围内引发了轰动。

5. 探寻光子和 μ 子

虽然 ATLAS 实验和 CMS 实验都是寻找希格斯玻色子的实验，但它们并不是为了捕捉到希格斯玻色子本身而展开的，它们观测的是希格斯玻色子产生后留下的类似痕迹一样的物质。那么，这些痕迹到底是指什么呢?

这些痕迹有若干种形式，第一种就是光子。当高能量的质子发生撞击时，我们可以从撞击产生的大量粒子中观测到两个光子，它们是由希格斯玻色子衰变产生的。光子就是我们平时看到的光的粒子。

说来奇怪，人类无法利用光看到光，因为光与光之间不会发生碰撞，我们只能通过电子感受到光的存在。当光照射到视网膜上时，光子就会转化成电子，我们就是通过这样的生理机制感受到光的。观测器也同样加装了把光子转换成电子的设备，从而可以捕获由希格斯玻色子产生的光子。

另一种痕迹是电子、μ 子等轻子。大家可能很少听说 μ 子这种粒子，其实它是电子的兄弟粒子，每时每刻都有来自宇宙的大量 μ 子降临到我们身边。虽然我们感受不到，但事实上每秒钟就有大约 1 万个 μ 子穿过我们的身体。

此外，把 μ 子应用于预测火山爆发的研究也在最近取得了进展。μ 子几乎可以穿过包括我们身体在内的所有物体，但穿越方式会根据穿越对象的密度不同而出现差异。例如，μ 子会大量地穿过岩浆等液体中低密度的部分从而减少穿过固体岩石的 μ 子数量，据此我们可以了解岩浆上升到了怎样的高度，目前相关研究也在不断推进。

一个希格斯玻色子能生成四个轻子（图 6–5）。它会首先衰变分解成两个 Z 玻色子，其中一个 Z 玻色子分解成 μ 子和反 μ 子，另外一个 Z 玻色子分解成电子和正电子，所以我们一共能观测到四个粒子。

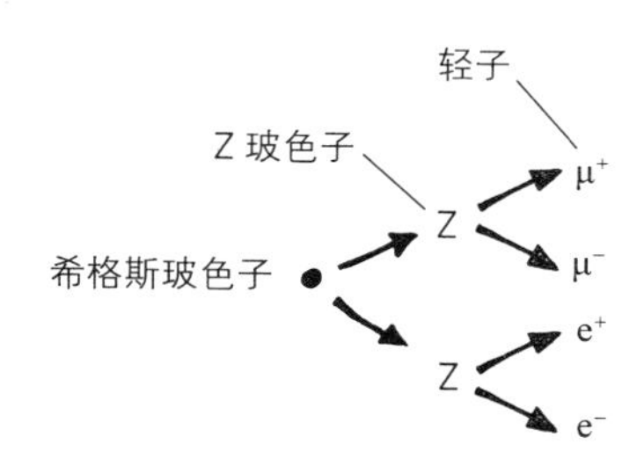

图 6–5　捕捉希格斯玻色子的痕迹　即使人类能够制造出希格斯玻色子，它也会立即分解成其他粒子，所以我们可以通过捕捉其分解后产生的粒子来验证是否制造出了希格斯玻色子

ATLAS 实验（图 6–6）和 CMS 实验（图 6–7）都通过观测希格斯玻色子衰变后分解产生的碎片，积累了能证明希格斯玻色子存在的数据。两组实验都通过质子对撞产生大量的粒子，然后从中寻找希格斯玻色子分解产生的光子和轻子，如此棘手的工作堪比在垃圾山中寻找一根针。

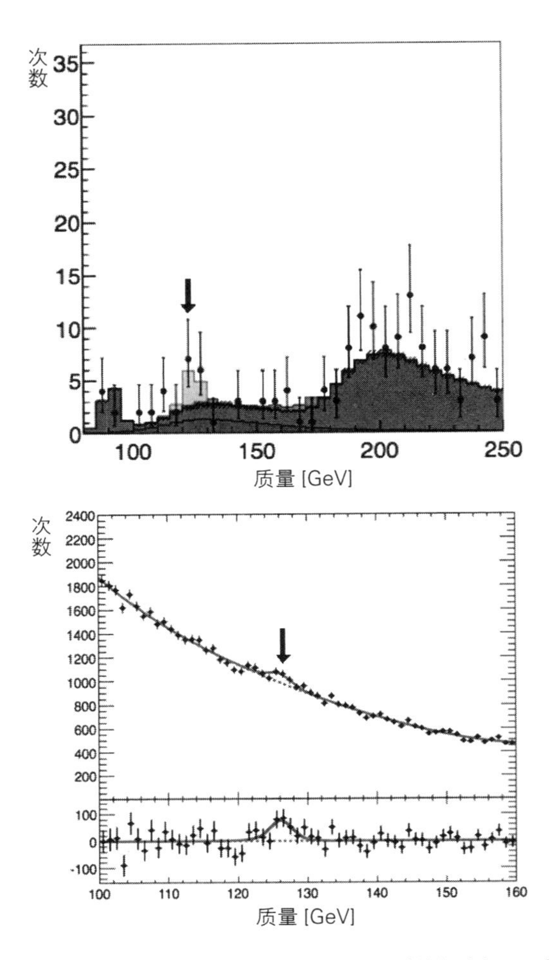

图 6-6 ATLAS 实验的结果 以 5σ 的准确度检测到希格斯玻色子。在 126 GeV 附近检测出反应（CERN）

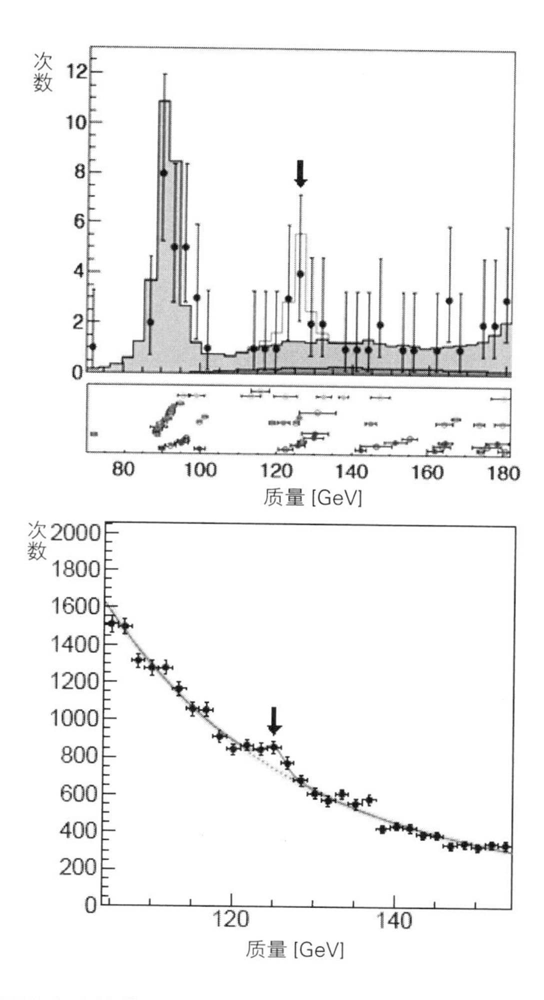

图 6–7　CMS 实验的结果　以 4.9 σ 的准确度检测到希格斯玻色子。与 ATLAS 实验的结果基本相同，CMS 实验也在 126 GeV 附近捕捉到了反应（CERN）

我们从两组实验的图表中可以看出，在垃圾山般的数据中突然显露出的部分就是研究人员想要观测到的数据。根据观测到的粒子的数据，我们可以逆向推算出粒子在衰变前的质量，从而判断出该粒子是否为希格斯玻色子。

在本次实验中，无论观测光子还是轻子，研究人员都发现了希格斯玻色子现身的信号。其实，单凭一方的实验结果无法确定是否真的发现了希格斯玻色子，研究人员结合了两组实验的结果，才最终得到了 ATLAS 实验的精确度为 5σ 、CMS 实验的精确度为 4.9σ 的结果，继而促成了 2012 年 7 月 4 日的公开发布会。

CERN 在网页上发布了官方声明。该声明指出:“由 CERN 进行的实验观测到了人类长久以来苦苦探寻的希格斯玻色子。”这里的“观测”一词是“发现”的意思。如果什么都没有发现，那么就不能使用“观测到”一词，而应该采用“获得了相关证据”这样的说法。我们可以透过官方声明中对“观测到”一词的使用，看出人类确实发现了希格斯玻色子的自信（图 6-8)。

CERN 的官方声明

CERN experiments observe particle consistent with long-sought Higgs boson

Geneva, 4 July 2012. At a seminar held at CERN today, the ATLAS and CMS experiments presented their latest preliminary results in the search for the long sought Higgs particle. Both experiments observe a new particle in the mass region around 125–126 GeV.

"We observe in our data clear signs of a new particle, at the level of 5 sigma, in the mass region around 126 GeV," said ATLAS experiment spokesperson Fabiola Gianotti. "The results are preliminary but the 5 sigma signal at around 125 GeV we' re seeing is dramatic. This is indeed a new particle," said CMS experiment spokesperson Joe Incandela.

The next step will be to determine the precise nature of the particle and its significance for our understanding of the universe.

图 6–8 CERN 官方声明原文 "observe"一词表示确实存在新粒子（CERN）

但是，人类对于希格斯玻色子的探索并没有就此结束，在 CERN 发表的官方声明中也提及了下一步的实验设想。根据两组实验的结果，我们基本可以确定实验中所发现的粒子就是希格斯玻色子，接下来要做的就是进一步明确这种粒子是否确实是希格斯玻色子，同时要在此基础上明确希格斯玻色子的性质。可以说，这场战役才刚刚开始。

6. 预言新粒子存在的希格斯博士

本次发表的公开声明证实了研究人员苦苦寻找 50 多年的希格斯玻色子实际上是存在的，因此，几乎所有的物理学家都认为，这项重大发现可能会获得近期的诺贝尔奖。至于获奖的候选人，大家首先想到是以其姓名为新粒子命名的彼得·希格斯博士，是他预言了希格斯玻色子的存在。此外，还有两个有力的候选人，他们就是比利时的弗朗索瓦·恩格勒博士和罗伯特·布绕特博士。据说这两位物理学家与希格斯博士几乎在同一时期发表了论文，他们也具有获得诺贝尔奖的资格。遗憾的是，布绕特博士于 2011 年去世，由于诺贝尔奖只授予在世的人，所以他无缘这一奖项，这真是太遗憾了。

三位博士都在 1964 年完成了论文。恩格勒博士和布绕特博士在 6 月投稿，而希格斯博士在 8 月才投稿。希格斯博士提交论文的时间明明比前两位晚两个月，为什么最终是以他的姓氏为新粒子命名的呢？答案就在三人撰写的论文中。

恩格勒博士和布绕特博士在论文中只写出了“解开了这样的谜题”这句话，并没有提及新粒子，而希格斯博士却在论文中明确地写出了“应该存在这种新粒子”。正是因为希格斯博士在论文中写了这句话，才使新粒子获得了“希格斯玻色子”的名字。

故事到这里还没有结束。其实，在论文初稿中，希格斯博士并没有明确写出“应该存在新粒子”这句话。这可是非常关键的一句话，这句话的存在与否可能会直接影响粒子的命名。

当论文投稿至学术期刊时，审阅人会负责评审该论文能否被刊登。当时，在阅读过希格斯博士的论文后审阅人认为，如果这篇论文不做出任何改动，那么在内容上就和恩格勒博士和布绕特博士两个月前投稿的论文雷同，由于缺乏新意，这篇论文是无法在期刊上登载的。据说，当时那位审阅人向希格斯博士提出了以下建议：“论文维持原样是无法刊登出版的，不过是否可以加上一句‘由此观点可推断存在新粒子’呢？”于是，希格斯博士在原来的论文里补上了这句话，论文也因此顺利地刊登到了学术期刊上。多亏了那位审阅人的建议，否则希格斯博士的人生可能会就此改写。

其实，据说那位审阅人是南部阳一郎博士。虽然业界一般不会公开学术期刊的审阅人是谁，但是后来希格斯博士在自己撰写的文章中提到了这件事，所以应该不会有错。至于到底是南部博士真的说了那句话，还是希格斯博士自己注意到了这个关键点，我们就不得而知了。

7. 对称性自发破缺

希格斯玻色子是标准模型理论中不可或缺的粒子。话说回来，为什么希格斯博士会想到存在希格斯玻色子呢？或者换句话说，希格斯博士想要解决的问题到底是什么呢？简而言之，他想解决的就是“太阳为什么燃烧”这个问题。

太阳释放大量光和热，其能量源自核聚变反应。我们常说核聚变反应使太阳持续燃烧，在这里就让我稍微具体地向大家介绍一下吧。

核聚变反应的燃料是质子，它与在 LHC 加速器中对撞的质子是同一种粒子，它们都来自于氢原子的原子核。在太阳内部，每四个氢原子黏合就会形成一个氦原子。相较于黏合前四个氢原子的总质量，生成后的氦原子的质量竟然变小了，这真是一件怪事。

在介绍 LHC 实验时，我曾举过“利用两辆小型汽车的碰撞打造重型坦克”这样不可思议的例子。如果要类比说明太阳内部发生的核聚变反应，那么就像把四个大福饼合并起来，得到的巨型大福饼的质量仅相当于原来三个大福饼的总质量，有一个大福饼的质量不翼而飞了。

其实，之所以会发生这样的现象，是因为核聚变反应中消失的质量转变成了能量，这也和我在前文提到过的公式 $E = mc^2$ 有关。这一公式表明，质量与能量是可以相互转换的，产品之所以比原材料轻是因为减少的质量转变成了能量。此外，由核聚变反应中消失的质量产生的能量使太阳能放射出灿烂的光芒。实际上，太阳每秒钟都会减轻 40 亿千克的质量，这些质量转变成了能量，它是太阳释放光和热的原动力。太阳确实在牺牲自己为我们输送能量。

核聚变反应在产生能量的同时也产生了中微子。同时，弱力会影响中微子的生成。虽然弱力的作用距离只有 1 纳米的十亿分之一，但是它会在某种情况下引发核聚变或核裂变，所以其实它也与我们的日常生活息息相关。

随着对弱力研究的不断深入，研究人员发现，弱力与电磁力基本属于同一种力，两者的区别在于后者的作用距离几乎可以用无穷远来形容。之所以存在如此巨大的差异，是因为 W 玻色子与光子的质量不同。W 玻色子是一种非常重的粒子，而光子却没有质量。由于弱力与电磁力之间存在这样明显的差异，所以我们在基本粒子领域对其进行了明确的区分，而研究结果却显示，弱力与电磁力原本应该是相同的一种力。

在这里，“相同”一词是指这两种力之间保持着对称性。在宇宙诞生之初那种能量极高的状态下，我们可以把弱力和电磁力看作是同一种力。换个角度来看，这也就意味着可以把分别传递这两种力的 W 玻色子和光子当作同一种粒子。

那么，为什么现在 W 玻色子与光子之间产生了差别，使得弱力与电磁力被视为两种不同的力呢？简单来说，是因为这两种力发生了对称性破缺，并且这种对称性破缺的产生与希格斯玻色子有关。我们一般认为，在宇宙刚刚诞生、仍处于炙热状态时，希格斯玻色子的能量很高，此时它具有对称性。但是，随着宇宙的不断冷却，希格斯玻色子的能量逐渐变低，最终导致了对称性破缺。

希格斯玻色子发生了对称性破缺，这也导致与其类似的 W 玻色子和光子发生了变化。于是，由于 W 玻色子和光子之间出现了决定性的差别，弱力与电磁力就此被视为完全不同的两种力。也就是说，是希格斯玻色子让原本相同的弱力与电磁力产生了差异。

现在我们普遍认为，希格斯玻色子会在能量变低后自然地发生对称性破缺，南部阳一郎博士将该机制称为“对称性自发破缺”。希格斯玻色子的对称性破缺机制不仅区分了弱力与电磁力，还赋予了基本粒子质量，这一点十分重要。下面就让我们一起来看看这具体是怎么回事吧。

8. 希格斯玻色子的冷却与宇宙秩序

宇宙在诞生之初处于十分炙热的状态，之后随着其自身的急剧膨胀而逐渐冷却下来。宇宙冷却后会发生什么呢？让我们通过日常生活中的事例来思考一下这个问题吧。

举例来说，用水壶烧水，水开时会喷出许多水蒸气，我们假设此时就是宇宙十分炙热的状态。水蒸气是由多个向四面八方自由飞舞的微小的水分子组成的，如果使其不断冷却，水蒸气就会变回液态的水，最终变成固态的冰。虽然从水蒸气变成水，水分子自身没有发生变化，但是分子的能量减少了，运动的活力也降低了。水分子与周围的分子松散地连在一起，移动的距离也一下子缩短了。当水进一步变成冰后，水分子会丧失更多的活力，它们会整齐地排列起来，并且会停止自由活动，形成冰晶的状态。

当水温度升高、能量增加时会变成水蒸气，水蒸气冷却后又会变成水或冰，这种变化叫作“相变”。其实，希格斯玻色子也会发生与之类似的变化。在宇宙诞生之初，由于周围的温度非常高，所以希格斯玻色子也处于高能状态，它会像水蒸气那样在宇宙中自由飞舞。此时宇宙中的所有粒子都处于同一状态，它们毫无差别，自由地飞来飞去，我们说这时的希格斯玻色子保持着对称性。

但是，随着宇宙的不断冷却，希格斯玻色子会像水变成冰一样逐渐冻结。当水逐渐凝结成冰时，一个个水分子对号入座形成结晶，只有个别分子产生差异，由此导致了对称性破缺。希格斯玻色子处于冻结状态时也同样发生了对称性破缺，由此导致弱力与电磁力出现了差异，基本粒子也因此获得了质量（图 6-9）。

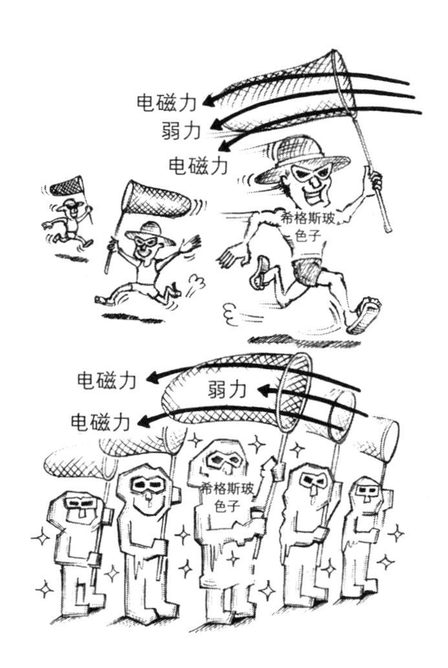

图 6–9　产生质量的机制　在宇宙诞生之初非常炙热的状态下，弱力与电磁力能毫无区别地自由穿梭在宇宙空间中。但随着宇宙的不断膨胀、温度下降，希格斯玻色子如同冻结一般，对弱力产生反应并将其抓获

当温度降至 0 摄氏度时，会发生从水变成冰的相变，而只有当宇宙冷却至 4×10^{15} 摄氏度时才会导致希格斯玻色子的相变，这听起来真是让人摸不着头脑。总之，在宇宙降温至 4×10^{15} 摄氏度时希格斯玻色子开始冻结，在此之前炙热且无秩序的宇宙就此建立了秩序。

现在的宇宙温度明显低于 4×10^{15} 摄氏度，所以希格斯玻色子正处于冻结状态，我们都在充满希格斯玻色子的空间里活动。尽管如此，希格斯玻色子并不会阻碍电磁力和引力的传递，这是因为传递电磁力的光子不带电。即使真空中充满了冻结的希格斯玻色子，光子也能无视其存在而继续前行。也正因为如此，电磁力才能传递到十分遥远的地方，来自北极的电磁力才能让我们手中的指南针指向北极的方向。

但是，弱力在传递过程中却无法忽视冻结的希格斯玻色子。传递弱力的粒子是 W 玻色子。由于周围充满了冻结的希格斯玻色子，无论 W 玻色子想要去往何处，都会遭遇希格斯玻色子的阻拦，因此 W 玻色子无法前进到较远的地方，这使得弱力也只能作用于极其狭小的范围。虽然电磁力与弱力原本是具有对称性的同一种力，但希格斯玻色子的冻结导致了这两种力发生了对称性破缺，造成了它们的差异。

此外，构成我们身体的电子和夸克等粒子也会受到希格斯玻色子的影响。由于真空中充满了希格斯玻色子，所以本应该以光速飞行的基本粒子被其挡住了去路，飞行速度因此变得比光速慢了。速度变慢意味着运动变难了，所以基本粒子有了质量。也就是说，我们所知的大多数基本粒子都在宇宙空间中遭到了大量冻结的希格斯玻色子的阻拦而无法飞向远处，但却由此获得了质量。

如果事实果真如此，那么希格斯玻色子就会成为人类在宇宙中得以生存的支柱。这是因为构成我们身体的是原子，而构成原子的基本粒子无法以光速飞行正是由于宇宙中充满了冻结的希格斯玻色子。

如果此刻宇宙瞬间升温到 4×10^{15} 摄氏度，冻结的希格斯玻色子重新回到杂乱无章、自由飞舞的状态，那么会发生怎样的状况呢？如果希格斯玻色子重获自由，基本粒子运动过程中的拦路虎就会消失，它们在丧失质量后会瞬间以光速飞向四面八方，我们的身体也因此会在十亿分之一秒内化为乌有。

幸亏真空中充满了希格斯玻色子，原子才能停留在某处构成我们的身体，因此可以说希格斯玻色子是非常重要的粒子。从这个角度来看，称其为“上帝粒子”也并不夸张。如果没有这种上帝粒子，我们的身体就不用说了，连地球和太阳也不会出现，宇宙中可能只会有基本粒子在永恒地自由飞舞吧。研究人员终于在 2012 年 7 月发现了希格斯玻色子，今后还需要深入研究该粒子是否真的具有这样的性质。

9. 看不见“脸”的希格斯玻色子

虽然希格斯玻色子发挥着十分重要的作用，我却觉得它让人有些不舒服。电影作品中经常出现类似的、令人生厌的角色，比如《千与千寻》中的无脸男和《哈利·波特》系列中的摄魂怪，我们都不知它们的真面目。在基本粒子的世界中，希格斯玻色子也是一个看不见“脸”的妖怪。

我们常用“自旋”这一概念表示基本粒子的“脸”。所有基本粒子都像陀螺一样不停旋转，并且每种粒子都拥有各自的旋转节奏，例如电子自旋为 1／2、光子和 W 玻色子自旋为 1。我把这种旋转方向明确、碰撞后会发生反应的、很容易理解其性质的粒子叫作看得见“脸”的粒子。但是，研究者从来没有见过像希格斯玻色子这样没有自旋的粒子，它是我们首次遇到的新型基本粒子。

其实，我们看不见希格斯玻色子的“脸”也是有原因的，因为在真空中充满了大量的希格斯玻色子，或许该粒子就是真空本身，如果真空有“脸”那就麻烦了。正是因为希格斯玻色子没有“脸”，我们才不会意识到大量粒子的存在。道理虽然这么说，但是因为没有什么粒子是像希格斯玻色子这样性质不明的，所以它总会给人一种不太舒服的感觉。

坦白地讲，我很讨厌这个让人不舒服的希格斯玻色子，于是我曾经提出 Higgsless 理论[1]，觉得即使不存在这样的粒子也没什么关系。如今，研究人员真的发现了希格斯玻色子，我也只好乖乖地低头承认自己的“有眼无珠”了。

10. 新时代的开启——探寻希格斯玻色子的容颜

人类发现了希格斯玻色子，我认为这堪称开启了物理学研究的新时代。在 20 世纪前半叶，朝永振一郎博士在电动力学研究的基础上完成了量子电动力学，随后以汤川秀树博士提出介子理论为开端，以对能黏合夸克的强力的研究为结尾，人类终于利用电磁力探明了原子核的内部结构。这些在 20 世纪 30 年代至 80 年代之间开展的研

1 该理论认为质子和中子的质量是夸克的动能，而夸克自身的质量为夸克在多重维度所具有的动能。——译者注

究工作，竟然耗费了物理学家大约50年的心血。

现在，我们终于要逐渐揭开四种基本力中作用距离最短的力——弱力的神秘面纱了。我曾在第1章中将宇宙比作一条衔尾蛇，而弱力就是这条衔尾蛇的尾巴。人类可能需要耗费50年左右的时间才能探明弱力的真相，而要想完全了解弱力，我认为在此基础上还要再经过大约20年。

通过回顾物理学的发展史我们可以看到，在每个世纪中几乎只能产生两项撼动时代的重大物理发现。因此，“人类成功发现希格斯玻色子是本世纪的一项重大发现”，这样的说法一点也不夸张。然而，当我们意识到这一项重大发现即将开启新时代时，却发现希格斯玻色子是个“无脸男”，所以我们想要看清这种粒子的真面目、努力探寻其真相。

物理学家通过深入的调查研究后发现，希格斯玻色子既有可能和人类已知的所有粒子都具有不同的性质，也有可能像《哈利·波特》系列中的摄魂怪那样大量存在。由于希格斯玻色子是一种谁也没见过的粒子，而且发挥着重要的作用，所以它有可能是新粒子集团中的“第一人”。包含这层意义在内，我们可以认为发现希格斯玻色子开启了物理学研究的新时代。

在这里要顺便一提，虽然我一直在说希格斯玻色子像个无脸男，但其实上我正在认真地思考，也许希格斯玻色子的“脸”是面向其他维度的（图 6-10）。

图 6-10 尚未确认其真身的希格斯玻色子 我们之所以看不见希格斯玻色子的“脸”而无从探知其真身，很有可能是因为它的“脸”是面向其他维度的

我们所在的空间可以在纵、横、竖这三个方向上运动，所以我们称之为三维空间。此外，虽然我们无法自由地来往于过去、现在和未来，但时间也和空间一样具有维度，它是一维的，因此两者相加就形成了四维时空。然而，物理学界正在认真地讨论宇宙是否由十个维度构成，这听起来似乎有点儿不合乎逻辑。我们只能感知到四个维度，如果宇宙真是十维的，那么额外的六个维度去哪里了呢？

为了解答这个疑问，有人提出了一种假想，认为额外的六个维度折叠得相当小，所以我们看不见它们。这种假想听起来似乎很有道理，我想以马戏团的走钢丝表演为例来讲解，可能会让大家更容易理解一些。

走钢丝表演需要在纤细的钢缆上进行，站在钢缆上的表演者只能前进或后退，此时对其而言钢缆是一维的。如果蚂蚁爬上钢缆情况又会如何呢？由于蚂蚁很小，所以除了能向前、后方向运动以外，它们还可以围绕钢缆做圆周运动。也就是说，对于微小的蚂蚁而言，钢缆看上去是二维的（图 6-11）。

图 6-11　维度　对于体型较大的人类而言钢缆是一维的，而在爬上钢缆的蚂蚁看来钢缆是二维的

基本粒子也非常微小，所以即使真的存在基本粒子可以感知而体型较大的人类无法感知的维度，这也并不是什么奇怪的事。也许希格斯玻色子在四维时空中看似没有旋转，但在四维时空之外的额外维度的空间内它是转动的。而即便如此，体型较大的人类也看不

见它的旋转方向，所以不会注意到它在转动。从这种角度来说，希格斯玻色子可能是人类发现的第一个在多重维度的空间内运动的粒子，这样我们就能理解为什么它看上去像无脸男了。当然，我现在向大家介绍的只是众多假想中的一种。为了一睹希格斯玻色子的容颜，物理学家们提出了各种假想。

11. 实现统一的时代

希格斯玻色子一经发现，就有大量媒体报道了这一新闻，在这些报道中希格斯玻色子经常被称为第 17 种基本粒子。我曾经在第 5 章中提到过，人类已知的基本粒子有轻子和玻色子两类，这两类粒子分别包含 12 种粒子。而同一种夸克会因为强力的不同而产生三种色荷，所以粒子的种类也会因此加倍。另外，考虑到每种粒子还具有与其相对应的反粒子，它们存在左旋和右旋的区别，所以基本粒子的种类会由此增至将近 100 种。如此一来，我们会感觉“基本”粒子实在是太多了，现在又要加上新发现的希格斯玻色子，因此连很多物理学家也想不明白这究竟是怎么回事。

其实在元素身上也同样出现过这种情况。大家只要看过元素周期表就能知道，人类发现了包括人造元素在内的共 118 种元素。元素看起来似乎有很多种，然而研究却证明这些元素其实全部是由电子、质子和中子这三种粒子构成的。质子和中子还能被进一步细分，它们都由上夸克和下夸克组合而成。也就是说，基于目前已知的基本粒子，100 多种元素其实全部由电子、上夸克和下夸克这三种基本粒子构成。

那么，基本粒子会不会也像元素一样，虽然看起来有很多种，但实际上在其内部存在能够集中分类的方法呢？从历史的发展规律来看，我认为最终的研究结果可能的确会朝这个方向发展。

在牛顿所处的时代，人类统一了行星的运动和苹果等地球上一切物体的运动。后来，麦克斯韦统一了电与磁，爱因斯坦通过相对论实现了时间与空间的统一。此后，人类又将电磁力与弱力统一为电弱力，如今，我们将强力也纳入了统一的计划，物理学家们正在切实推进能确立大统一理论的研究。

实际上，通过不断提高能量，我们能看到电磁力、弱力和强力这三种力统一的迹象，但要想真正实现这三种力的统一，我们还需要为现在人类已知的各种基本粒子添加“超对称性”这一新对称性。如此一来，除了基本粒子和与其相对应的反粒子外，还增加了与各种基本粒子对应的超对称粒子，基本粒子的数量变得更多了。即便力的统一会增加基本粒子的数量，物理学家们还是企图构想出一种超大统一理论，这一理论能涵盖引力，实现宇宙四大基本力的统一。超弦理论正是在能统一宇宙四大基本力的理论中最有力的候选者（图 6-12）。

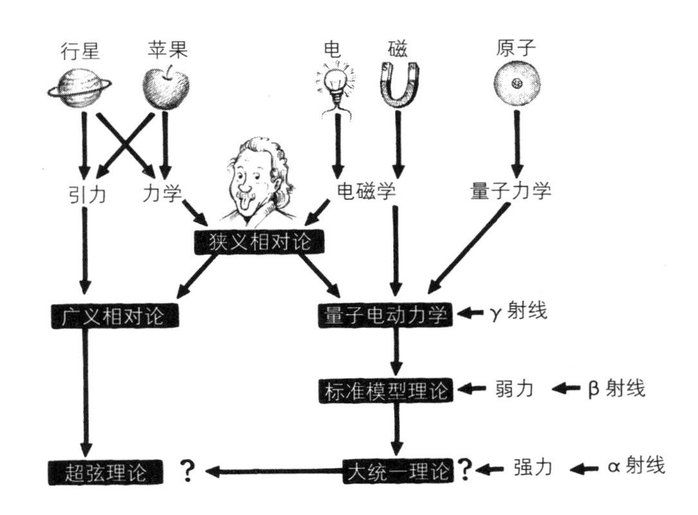

图 6-12　统一的历史　物理学家们历经漫长的岁月终于实现了力的统一

实际情况需要实验的验证，为此，我们正在筹划建设新的实验设备。这一设备名为国际直线对撞机（ILC），它是大型强子对撞机（LHC）的接班设备，全世界的物理学家都期待着它的开建。目前，该设备的选址地尚未确定，日本将候选地选在了横跨福冈县和佐贺县的脊振山系，以及岩手县的北上山地。

LHC 是周长为 27 千米的圆形粒子加速器，而 ILC 是全长为 30 千米的直线型粒子加速器。我们计划利用 ILC 加速器实现电子和正电子的加速对撞，也期待着它能帮助我们对希格斯玻色子展开更加详细的研究，以及进一步探究暗物质和暗能量的真相。如果在 ILC 建成后人类能够获得更新的发现，那么距离完成超大统一理论这个不可思议的理论就可能会更近一步，而一旦确立了这样的理论，我认为人类很有可能因此明确宇宙这条衔尾蛇的尾巴到底是什么。

综上所述，希格斯玻色子是一种类似于无脸男的粒子，我们认为这种粒子并非只有一种，应该存在与其性质相似的兄弟粒子。相关的理论大致分为两种，一种理论认为存在多重维度，而另一种理论与超对称性有关。无论哪种理论都认为，在已知的基本粒子以外还应该存在人类尚未发现的基本粒子。如今，人类首次发现了希格斯玻色子，我们期待着能利用相同的能量发现希格斯玻色子的兄弟粒子。

在 2012 年的实验结束之后，我们计划升级 LHC 的硬件设施，把能量提升至原来的两倍左右。如果我们还能获得新发现，那可真是太令人欣喜了，但我最期待的还是能在几年内发现希格斯玻色子的兄弟粒子，并能因此为新理论的创建提供启示。

答疑解惑

提问：当粒子周围聚集大量希格斯玻色子时，其运动的难度会增加，我认为这种感觉与惯性质量差不多。那么，希格斯玻色子与引力质量之间又到底存在什么样的关系呢？

村山：这可真是一个好问题。我们差不多可以理解是基本粒子运动难度的增大导致了其自身质量的增加，而基本粒子质量的增加也必然导致引力作用的增强。问题在于如何利用希格斯玻色子来解释引力的作用。

其实，我们利用爱因斯坦的理论可以将引力作用的受体解释为能量，这种引力作用对象的转换可以用著名公式 $E = mc^2$ 来表示。这个公式表明能量与质量是一回事，也就是说，只要存在能量就会产生引力作用。因此，希格斯玻色子遍布在基本粒子周围使基本粒子的运动变得困难，这是因为整体的能量增加了，而能量会转化为引力作用，所以除了惯性质量以外，也同样需要引力。因此，这个问题的答案是引力作用也会变强。

提问：我听说希格斯玻色子的能量为 126 GeV，这里的“GeV”是什么意思呢？

村山：“GeV”表示十亿电子伏特，它是能量的单位。在基本粒子的世界中，我们面对的都是非常微小的物质，每个粒子的能量根本不需要用这么大的单位来表示。

“G”表示十亿倍的数量级，“eV”代表的“电子伏特”是什么意思呢？通常情况下，一节干电池的电压只有 1.5 伏特，如果为电池配上导线形成回路，电子就会在导线中移动从而形成电流。现在我们假设要在不借助导线的情况下让电子在真空中飞行。此时，如果利用干电池为电子加速，那么电子就会获得 1.5 伏特的能量。

在这里要顺便告诉大家，1 GeV 代表十亿电子伏特，这大约相当于 7 亿节干电池的总能量。在本次进行的观测实验中，希格斯玻色子在能量值为 126 GeV 时出现。也就是说，如果无法提供如此巨大的能量，那么就无法完成观测，我想大家应该多少能明白建造 LHC 这种巨型设备的必要性了吧。

提问：您曾介绍过，ATLAS 等实验都利用联结世界各地计算机的计算机网来处理数据。那么，在计算机出现故障时该如何进行备份等工作呢？是由团队来处理，还是由个人负责？

村山：数据的备份是由团队负责的。实验中获得的数据是 3000 名科研团队成员的共同财产，所以团队严格把关备份工作，绝不允许丢失数据的情况发生。

当然，在 CERN 内部也具有庞大的计算机系统，数据被保存在巨大的记录设备之中。目前，该实验记录的数据已经多达数十 PB（Petabyte，1PB = 1024TB，约相当于 100 万个 iPod 的存储量），实验人员必须确认全部数据，所以这真是一项庞大的工程。

提问：希格斯玻色子与引力子之间有什么关系吗？

村山：引力子根据作用对象的能量值发挥作用，因此从引力的角度来看，无论质量来自希格斯玻色子还是来自运动，抑或是来自势能，引力都和它们没有什么关系。总之，有能量存在的地方就有引力，无论是希格斯玻色子创造的质量还是粒子自带的其他质量，抑或是运动产生的能量，引力都会一视同仁地作用于受体，这就是爱因斯坦推导出的等效原理。也就是说，从某种意义上而言引力是不拘小节的，只要存在能量就有引力作用，因此引力也会作用于希格斯玻色子产生的质量。

第 7 章
我们为何存于宇宙

1. 宇宙正在膨胀

我们为什么会存在于宇宙之中呢？为了得到这个问题的答案，人类的研究不断深入，逐渐回溯到了宇宙的开端。宇宙大约诞生于 138 亿年前。也许对于今天生活在地球上的我们而言，这似乎是一个非常久远的年代，但可以说，正是当时产生的中微子和希格斯玻色子等基本粒子决定了宇宙现在的形态。那么，为什么说这些粒子关乎人类在宇宙中的存在问题呢？要想解开这一谜题，我们就必须了解宇宙是如何诞生的。

提到宇宙的起源，最著名的应该就是宇宙大爆炸理论了，不过，现在物理学界普遍认为在大爆炸发生之前还发生过宇宙暴胀。宇宙暴胀理论由日本的佐藤胜彦博士和美国的阿兰·哈维·古斯博士提出。该理论认为，宇宙诞生之初的规模甚至远远小于原子，它在不到 1 秒钟的时间内发生了急速的暴胀，规模迅速扩大至数毫米。随后宇宙发生了大爆炸，并逐渐演变成了现在的样子。

那么，这两位物理学家为什么会提出暴胀理论呢？这就不得不从“宇宙在诞生之初是否真的非常微小”这个问题开始讲起了。物理学家从20世纪20年代末开始才提出宇宙正在膨胀的观点，在此之前，人们普遍认为宇宙既不膨胀也不收缩，它是永恒不变的。因此，当时的人们并不会思考宇宙开端之类的问题，因为永恒不变意味着既没有开端也没有终结。

然而，美国天文学家爱德文·鲍威尔·哈勃却在1929年发表了相关论文，提出了宇宙正在膨胀的观点，这颠覆了人类此前对于宇宙的认知。哈勃通过观测大量的星系后发现，来自星系的光存在波长变长的现象，而且距离越远光的波长的增幅越大。

救护车在道路上疾驰时会鸣笛。当救护车逐渐靠近的时候，我们会听到鸣笛声越来越高；而当救护车逐渐离去时我们又会听到鸣笛声越来越低。我们把这种现象叫作多普勒效应。明明是同一个警笛发出的声音，为什么会产生这样的差异呢？其中的奥秘就在于声源与听者之间的距离。当救护车逐渐靠近我们的时候，相比于车的静止状态，我们和救护车之间的距离变短了，所以警笛声的波长也相应变短，声音听起来也就变大了。相反，当救护车逐渐远离我们的时候，我们和救护车之间的距离变大，所以警笛声的波长也相应变长，声音听起来就变小了。

光也会产生类似的现象。当来自遥远星系的光传播到地球时，由于波长变长，光会呈现出红色。哈勃博士把来自星系的光分为七种颜色制成了光谱，他发现星系与地球的距离越远，来自该星系的光就越偏向于呈现红色。星系离地球越远就以越快的速度离我们远去，这种现象表明宇宙正在膨胀(图 7-1)。

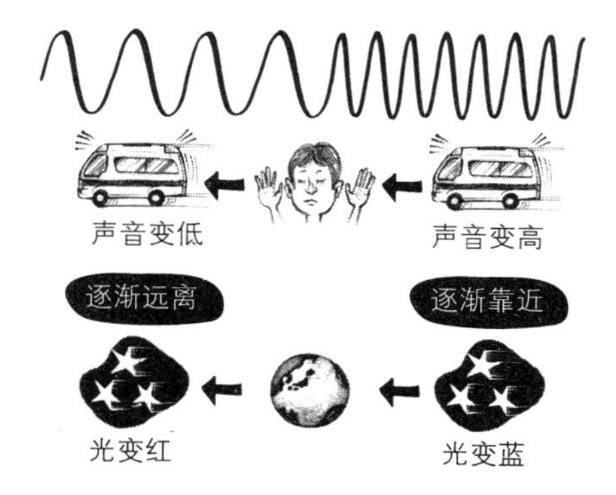

图 7-1　多普勒效应　逐渐靠近我们的物体发出的声音会越来越高，逐渐远离我们的物体发出的声音会越来越低。来自星系的光也与之类似，越靠近地球越呈现蓝色，越远离地球越呈现红色

2. 大爆炸的证据

宇宙持续膨胀的事实否定了宇宙永恒不变的观点。这一事实证明，宇宙随着时间的推移而不断发生变化，如果时间倒流，宇宙就

会不断缩小。这也意味着，当时间倒退至宇宙诞生之初时，宇宙将变成一个非常微小的点。

常言道，一石激起千层浪。有关宇宙的研究也是如此，一项科研的新突破往往会引发更多新的谜题。研究证明，随着时间的倒退宇宙会逐渐缩小成一个点。一旦明确了这个事实，马上就有人提出了新的问题——为什么最初像点一样微小的宇宙会变得如今这般浩瀚呢？于是大爆炸理论便应运而生了。

大爆炸理论在 1948 年由出生于俄国的美国物理学家乔治・伽莫夫提出。该理论认为，宇宙在诞生之初是一个具有超高温和超高密度的火球，由于它规模极小又极其炙热，所以会发生大爆炸并开始逐渐膨胀。

那么，为什么伽莫夫会认为宇宙在形成初期是一个火球呢？在给自行车的轮胎充气时，我们会一个劲儿地往车胎里打气，充满气的轮胎会有些发热，这是因为空气被压缩后温度升高了。同理，伽莫夫认为如果时间能够倒流，那么持续膨胀的宇宙也会随着自身规模的缩小而不断升温。

由于大爆炸理论过于新颖，所以该理论一经发表就遭遇了众多批判，当时有许多人认为伽莫夫的观点非常荒谬。就连“大爆炸”这个名字本身也遭到了讥讽，持反对意见的物理学家认为它就像它代表的理论那样不切实际。但是伽莫夫却非常喜欢并积极地使用了这个名字。他不仅声称宇宙在形成初期是一个火球，还试图通过观测来获取相应的证据。

如果宇宙在诞生之初、规模还很微小的时候真的是一个火球，那么当时宇宙内应该充满了光，伽莫夫认为人类应该能够捕捉到相关证据。当宇宙还只是一个火球时，它的能量很高，并且会释放出波长较短的光。随着宇宙不断膨胀，我们应该能随之观测到光的波长变长的现象。伽莫夫预言道，人类能够观测到一种特殊的微波，它是火球状态的宇宙发生大爆炸后产生的余烬。后来，我们将这种微波命名为“宇宙微波背景辐射”，为了探寻其踪迹，众多物理学家纷纷踏上了探索之路。

1964 年，在美国贝尔电话实验室（现在的贝尔实验室）工作的阿诺·彭齐亚斯和罗伯特·威尔逊终于发现了伽莫夫预言的宇宙微波背景辐射。不过有趣的是，他们二人最初并没有想到能捕获宇宙微波背景辐射。

当时，阿诺·彭齐亚斯和罗伯特·威尔逊正在研究用于卫星通信的高灵敏度天线，在实验期间接收到了来路不明的噪声。对于通信而言，最忌讳的就是背景噪声，因此他们尝试各种办法想要降低噪声，但是最后却没有起到任何效果。而且奇怪的是，无论将天线调整到哪个方向，噪声听起来都是一样的。

经过一番讨论，他们认为噪声的来源存在两种可能性，第一种就是天线内部出现了异常。为了证明猜想的正确性，他们对天线内部做了系统的排查，发现竟然有鸽子在里面筑巢，而且到处都是鸽子排泄的粪便。于是，他们迅速对天线内部做了清理，以为就此解决了问题，然而噪声却并没有消失。

这样一来就剩下第二种可能性了，那就是天线接收到了来自宇宙的无线电波。彭齐亚斯和威尔逊通过研究发现，这一噪声正是伽莫夫预言的宇宙微波背景辐射。在同一时期，普林斯顿大学的宇宙物理学家迪克博士也在进行相关研究，然而谁都没有想到，宇宙微波背景辐射竟然被企业的技术人员抢先发现了。

这项发现一经公布，就引发了“观测到的微波是否真的是宇宙微波背景辐射”的持续讨论。进入 20 世纪 70 年代后，人类终于确认由彭齐亚斯和威尔逊观测到的微波的确是大爆炸的余烬——宇宙微波背景辐射，他们二人也因此获得了 1978 年的诺贝尔物理学奖。由于预言宇宙微波背景辐射存在的伽莫夫早在 10 年之前就离开了人世，因此他很遗憾地与诺贝尔奖擦肩而过了。如果当时他仍然在世，那么肯定也会与这两位诺贝尔奖得主同时获奖吧。

3. 暴胀理论

话说回来，我们无论从哪个方向都能观测到相同的大爆炸余烬——宇宙微波背景辐射（图 7-2），而且可以测得它的温度大约保持在零下 270.3 摄氏度左右（2.7 开尔文）。现在，宇宙正随着自身的膨胀变得越来越大，但是无论来自哪个方向的无线电波都具有几乎相同的温度，仔细想想，这真是十分不可思议。如果大爆炸是伴随着宇宙诞生同时发生的，那么这样急剧的变化也许会导致宇宙中多处出现缺陷，即使各处不均匀也不足为奇，然而实际形成的宇宙却在任意方位都保持着基本均匀的状态。宇宙微波背景辐射的微波甚至早在 138 亿年前就被分离出来，因此，在任何地方的宇宙微波背景辐射都具有几乎相同的温度，这样的现象是非常不可思议的。

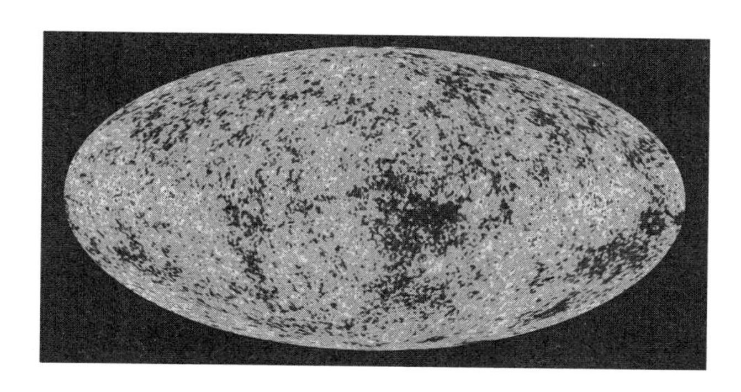

图 7-2　宇宙微波背景辐射　2003 年由 WMAP 观测到的宇宙微波背景辐射。宇宙的温度基本均等，不均等部分的占比仅为十万分之一（NASA）

举例来说，假设大航海时代环游地球的水手发现了一座位于南海的孤岛，他们登上了这个岛并与居住在那里的人们进行了一番交谈。之后，水手们重返船上继续航行，恰好在来到地球对面时发现了另外一座孤岛。当水手们与居住在这个岛上的人们进行交流的时候，如果发现分别居住在两座孤岛上的人们竟然使用同一种的语言，那么这意味着什么呢？通常来说，并不会出现位于地球两侧的两个孤岛使用相同语言的情况。但是，如果真的遇到了这种情况，即使不是文化人类学家也应该能够想到，这些人应该曾经居住在同一个地方，而且互相交流过吧（图 7-3）。

图 7-3　大爆炸的证据　宇宙微波背景辐射基本均匀的现象表明过去它们应该有过某些交流

宇宙的状态也与之类似。在宇宙中位置正好相对的两处在宇宙诞生后随即分道扬镳，物理学家们曾经认为它们分属于两种不同的状态、从未产生过交流。然而实际上，宇宙空间中的任意位置都保持着相同的状态，这会不会是因为它们在宇宙形成之初进行过某种交流呢？于是在这样的情况下，“暴胀理论”便应运而生了。

暴胀理论是一种阐述“在宇宙诞生后马上发生了大爆炸”的理论。该理论认为，刚刚诞生的宇宙的规模要远远小于原子的大小，而在发生大爆炸之前宇宙急剧膨胀，规模迅速扩大至 3 毫米左右。由于宇宙在极其短暂的瞬间内迅速膨胀，所以其内部并没有变得凹凸不平，而是保持了基本均匀的状态（图 7-4）。

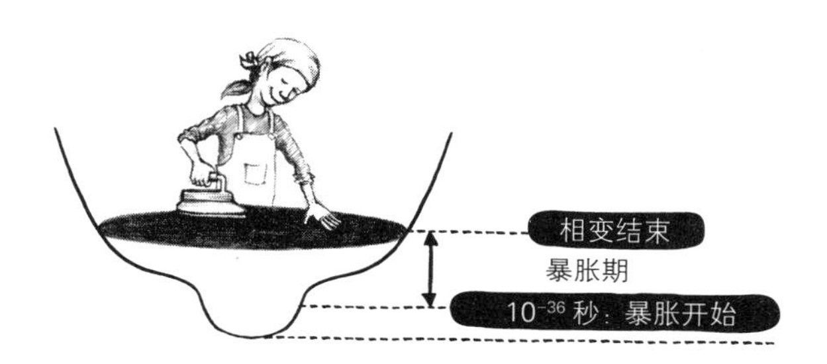

图 7–4　宇宙的褶皱　当宇宙处于暴胀期而急速膨胀时，多余的褶皱被不断地熨平了

举例来说，诞生之初的微小宇宙就像刚从洗衣机里拿出来的衣服，皱皱巴巴、充满褶皱。但是，随着暴胀的发生，宇宙仿佛一下子被熨斗熨平了，能量分布变得均匀，同时宇宙的规模也扩大了。宇宙在消除褶皱、变为平滑状态后才发生了大爆炸，所以现在的宇宙也处于基本均匀的状态。而大爆炸的余烬——宇宙微波背景辐射之所以能基本均匀分布，也是因为宇宙经历了暴胀期。这样一来我们就能解释得通了。

4. 由基本粒子的涨落引起的褶皱

另外还存在一种观点，认为中微子可能在宇宙发生暴胀的过程中发挥了重要作用。我在第 4 章中提到中微子与其他粒子相比极其轻盈时，曾利用跷跷板机制解释了其中的缘由，并且提到应该存在极重的右旋中微子(虽然我们尚未发现这种粒子)。如果确实存在这种极重的中微子，并且存在与之对应的超对称粒子，那么就能引发使宇宙发生膨胀的暴胀现象。

最初发生的宇宙暴胀很有可能就是由极重中微子的超对称粒子引起的。在宇宙形成初期，所有粒子都处于能量很高的状态，这种极重的中微子的超对称粒子当然也是如此。然而这种高能量的状态只维持了一段时间，后来因为某种契机使得粒子从高能状态跌落至低能状态(图 7–5)。

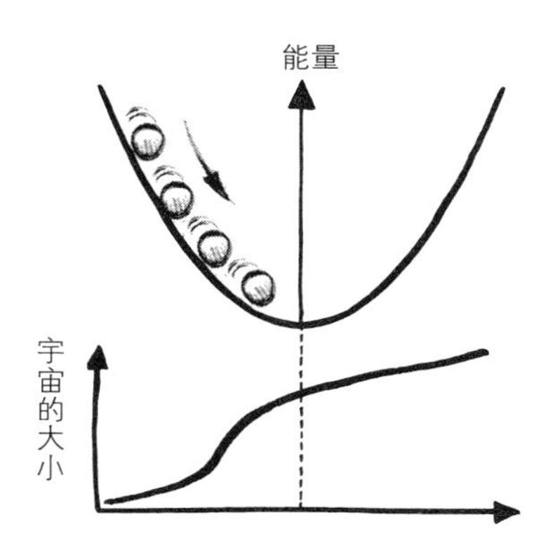

图 7–5　暴胀与跷跷板　暴胀的原动力可能是右旋中微子的超对称粒子

高能量的粒子性质极其不稳定，它们就像站在斜坡上，一旦出现某种契机就会滚落至斜坡底端，变成能量很低的稳定状态，而且大质量的粒子会一口气儿地从斜坡上滚落下来。研究人员通过计算发现，此时释放出的能量可能会在瞬间将宇宙撑开，引发令宇宙不断膨胀变大的暴胀现象。在暴胀过程中，宇宙的规模扩大到原有规模的“1 亿倍的 1 亿倍的 1 亿倍的 1 亿倍的 1 亿倍的 1 亿倍”，发生了令人难以置信的巨大变化。

暴胀结束后紧接着发生了大爆炸，这一次宇宙开始缓慢膨胀，并逐渐演变成了现在的样子。但是，如果暴胀使宇宙变得过于平坦，那么就会产生其他的问题。一旦这种适度的、类似于能量褶皱的物质消失了，就会导致宇宙中的任何地方都完全相同，所以粒子不知该在哪里聚集，因而也就无法产生恒星和星系了。

那么，该如何制造出这种适度的褶皱呢？其实，暴胀现象除了能将褶皱熨平之外，同样也能导致褶皱产生。它刚拼命地用熨斗把褶皱熨平，但褶皱又会马上自然地形成了。虽然也有人认为不会存在这样的巧合，但在宇宙诞生之初其实是会发生这样的状况的。宇宙在刚刚诞生时规模要远远小于原子的大小，所以宇宙内的基本粒子是非常活跃的，因为基本粒子具有在狭小空间内发生涨落的性质。在当时比原子还要微小的宇宙中，即使暴胀现象将褶皱熨平，基本粒子也会因为处于狭小空间而发生涨落。只要基本粒子发生涨落，宇宙就会受其影响而产生褶皱。

那么，为什么基本粒子一旦处于狭小空间之内就会发生涨落现象呢？在基本粒子的世界中，有一条叫作“不确定性原理”的奇怪法则。我们都在学校学习过能量守恒定律，但在主角是基本粒子的微观世界里，即使稍微打破一下能量守恒定律也没有关系。

举例来说，这就像是某天一名公司职员照常去上班，到达公司后却发现把钱包忘在了家里。午休时他虽然很想去吃午饭，但苦于手头没有钱。就在他为此感到苦恼的时候，环顾四周发现旁边的桌子上有一个保险柜。于是他从中借了一点现金，终于吃上了午饭，日后他只要把钱还回去就行了。在我们的世界中，即便金额不高，擅自挪用公司的资金也是违反规定的。但在基本粒子的世界中，只要能做到有借有还就可以这么做。不过，借用了过多的资金会非常容易被别人发现，所以借钱的人不得不马上将其返还。像这样允许发生能量借贷的法则就是不确定性原理。

在宇宙还极其微小的时候，到处都发生着这种基于不确定性原理而产生的借贷现象。只要发生借贷现象，借入方的能量就会略微增多一些，借出方的能量则会略微减少，所以会出现不均衡的现象。由于借用的能量必须在不久之后如数返还，所以我认为宇宙还会再次恢复平坦的状态，然而在借用能量的瞬间，暴胀使宇宙的规模瞬间急剧增大，借贷双方因此拉开了距离，这就导致借入方无法返还借用的能量。如此一来，能量借贷过程中无法抵消的部分就作为褶皱保留了下来（图 7-6）。不过我在前文中也提到过，多亏了这些残留下的褶皱，物质才能聚集在一起，进而形成了恒星和星系。如此思考便能明确地解释宇宙的由来。

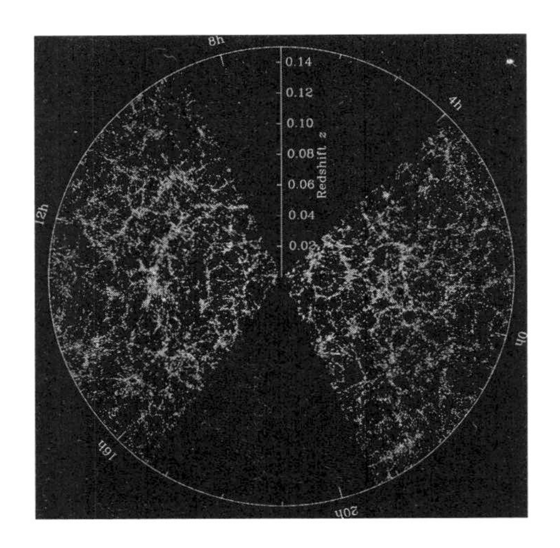

图 7–6 大尺度结构 受不均匀程度仅为十万分之一的能量褶的影响，在宇宙中出现了容易聚集星尘、气体的地方和很难聚集星尘、气体的地方，逐渐形成了宇宙的大尺度结构（SDSS）

5. 迫近宇宙的开端

我们已经从理论上逐渐了解到宇宙是如何形成、发展的，接下来还需要检验这一理论是否正确。如果能够回溯到 138 亿年之前，那么我们就应该可以看到宇宙的开端，但是仅凭人类现有的技术是无法实现这一点的。

宇宙确实诞生于138亿年前，并且在随后发生了大爆炸。但是，由于在发生大爆炸时宇宙温度过高，这导致物质和能量过于集中在同一个地方，所以光无法径直传播出去，而是被拘禁起来。直到宇宙诞生38万年后，光才终于可以沿直线传播，也就是说，不管怎么努力，我们利用光观察到的最早也只能是诞生38万年后的宇宙的模样。

要想了解更早之前宇宙的情况，人类就需要利用光以外的其他方法，不过幸好我们对此并不是一无所知。我们可以在此前观测结果的基础上创立理论，再根据该理论计算出距今更加久远的宇宙的模样。根据计算结果我们可以做出如下推测。

首先，比夸克还要微小的宇宙诞生了，随后，由于极重中微子的超对称粒子的能量引发了暴胀现象，宇宙急剧膨胀。暴胀刚结束就发生了大爆炸，宇宙中的力自此分为四种，大爆炸也产生了大量的物质与反物质。如果宇宙仍然维持这样的状态，那么物质与反物质将成对消亡，一切都会化为乌有，所以由于某种契机使得物质与反物质之间出现了数量上的差异，最终仅有物质残存下来。

现阶段，人类只能依据理论推测宇宙诞生之初的形态，并不能进行实际观测。我们无法重新打造出一个宇宙，所以想要通过实验来验证是非常困难的。即便如此，物理学家还是想要探明宇宙的开端，因此他们正在积极思考各种可行的观测方法，目前想到的方法有三种。第一种方法是利用在本书中多次提及的粒子加速器，创造出和宇宙诞生时相同的状态。第二种方法是观测在宇宙诞生后随即产生的中微子。第三种方法是探寻引力波。

所谓引力波，就是指在发生暴胀等巨变时，时间和空间中产生的类似于引力涟漪一样的东西。现阶段的宇宙论认为，当前宇宙中仍然残留着暴胀时期产生的引力波。如果我们能够捕捉到引力波产生的振动，就有可能探明暴胀时期的宇宙。那么，我们怎样才能捕捉到引力波呢？答案就是通过建造望远镜，以观测从遥远的宇宙彼岸传播而来的、在大爆炸时期产生的光。

从理论上看，如果暴胀时期产生引力波，那么空间自身就会发生涨落，此后的空间也会因此而继续发生涨落现象。在随后发生大爆炸时，由于空间发生涨落，所以大爆炸产生的光受其影响也应该会发生轻微的涨落现象。在引力波导致的涨落现象的影响下，大爆炸产生的光的振动方式可能会发生细微的变化。虽然这种变化微乎其微，但是如果对其进行仔细的测定，我们很有可能会发现它的踪迹（图 7-7）。

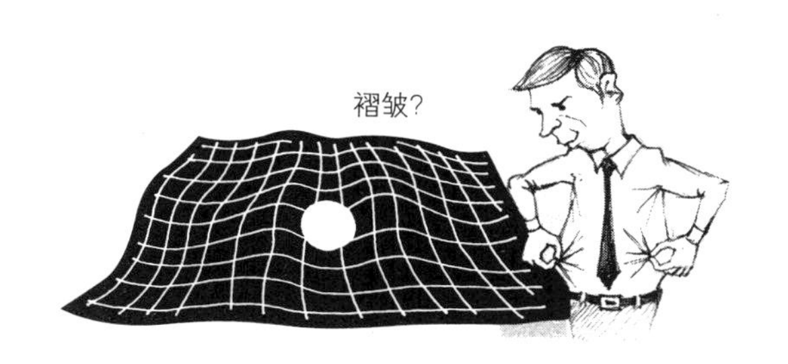

图 7–7　引力波　引力波至今依然传播着紧随宇宙诞生而产生的引力的变化

为了捕捉到引力波产生的涟漪，欧洲某研究团队在 2009 年发射了普朗克卫星。该卫星与 NASA 发射的、确定了宇宙年龄的 WMAP 卫星类似，也是观测宇宙微波背景辐射的卫星。宇宙微波背景辐射是大爆炸的余烬，如果可以利用高灵敏度的设备对其进行观测，我们也许能够观测到光受引力波影响而发生略微弯曲的形态，这也正是我们十分期待的结果。如果引力波的探测与研究进展顺利，我们或许就能知晓引发宇宙暴胀的契机到底是什么了。

6. 被寄予厚望的“超弦理论”

原子只有 10^{-8} 厘米那么大，而诞生之初的宇宙甚至比 10^{-25} 厘米还要小，两者的大小竟然相差了 17 位数。由于随后发生了暴胀现象，宇宙迅速拉伸变大，终于膨胀到了 3 毫米。此时又发生了大爆炸，在此后的 138 亿年间，宇宙持续膨胀，最终演变成了现在的规模。

刚刚诞生的宇宙极其微小，由于在它的内部充满能量，所以那些以往被我们视为常识的物理法则都会失效。为了解决这个难题，很多人都在夜以继日地埋头研究。

为什么我们所知的物理法则不适用于诞生之初的宇宙呢？如果我们将宇宙的开端比作一个微小的点，那么能量就是无穷大。在专业术语中，我们将这个具有无穷大能量的点称为“奇点”。奇点没有时间和空间的概念，因此所有物理法则在它身上都是不成立的，这也令物理学家们对其束手无策。

不过，数学家却特别擅长处理奇点的问题，那么我们能否结合高等数学以确立可以解决奇点难题的理论呢？日本也有几位举世闻名的数学家，其中，广中平祐曾获得过被誉为数学界诺贝尔奖的菲尔兹奖，他的获奖论文就是关于奇点解消的课题。因此我认为，如果将物理与数学更加深入紧密地结合起来，就有可能迫近宇宙的开端。

另外，奇点是基于“基本粒子是没有体积的点”这一前提而产生的。实际上，如果我们不把基本粒子看作点，而将它们看作是由非常微小的弦构成的，那么就不会出现奇点了。物理学家基于这种构想提出了超弦理论。虽然超弦理论尚未完成，但是该理论很有可能会统一四种基本力，并阐明宇宙的开端，因此我们对其寄予了厚望。

关于奇点的解消问题，坐在轮椅上的物理学家史蒂芬·霍金博士提出了非常著名的理论，他认为根本不存在奇点。如果要解释得更加详细的话，该理论认为宇宙中的时空是没有边界的，而没有边界也就意味着没有奇点。说到这儿，我想大家仍然很难对此有一个清晰的认知。霍金博士认为，在出现我们可以感知的实数时间轴之前，应该还存在着我们无法感知的虚数时间轴。在虚数时间轴中，时间、空间、过去、现在以及未来都没有任何区别，似乎一切都混合在了一起。后来，虚数时间轴在某一瞬间骤然转变成实数时间轴，时间和空间自此分开，过去、现在和未来也产生了区别。

说实话，我完全不懂这个所谓的虚数时间轴到底是什么。霍金博士所描述的世界与我们身处的四维时空相去甚远，这是我们无法对其进行想象的根本原因。而且霍金博士完全没有提及为什么会存在虚数时间轴、虚数时间轴又为什么变成了实数时间轴等问题。如果宇宙的开端真的符合霍金博士的预想，那么我们是看不到宇宙诞生的瞬间的。人类只能观测到宇宙诞生不久后的样子，也就是说，我们只能看到从宇宙成长中途开始的轨迹。

目前，对于超弦理论和霍金博士的理论，我们尚且无法断定哪一方是正确的。为了解开这一谜题，物理学家们都正在努力地推进相关的研究工作。

如果把到目前为止已经明朗的研究成果全部叠加起来，我们大概能明白从宇宙诞生到大约 1 分钟后的这段时间内究竟发生了什么。如果可以进一步证实中微子是物质的“生母”，并且证明反物质的消失也是中微子所为，那么我们就能追溯到宇宙诞生后百亿分之一秒的那一刻，因为这些现象恰巧是在那时发生的。

对于人类而言，在几十年前宇宙的开端还是谜团重重，而现如今，我们已经迈入了追近宇宙诞生后百亿分之一秒的时代。我们甚至看到了揭晓“宇宙是如何诞生的”这一问题的可能性，并且已经逐渐启动了相关的实验。

7. 迫近比原子还要微小的宇宙开端

最后，我想结合目前宇宙论中比较有发展前景的学说，来回顾一下宇宙的发展史（图 7-8）。

首先，诞生之初的宇宙比原子还要微小，此时的宇宙很可能具有多重维度，远远超出了我们能够认知的四维范畴。不过，由于此时的宇宙极其微小且蜷曲，所以也有观点认为此时宇宙已经形成了四维时空。

紧接着宇宙发生了暴胀，就像是用熨斗将非常微小且满是褶皱的宇宙熨平了一样。不过，宇宙并非因此平坦得一点褶皱都没有，这正是宇宙很有趣的地方。受不确定性原理的影响，在熨平褶皱的同时，宇宙也在滋生着小到不可见的褶皱，这时宇宙的规模终于扩大到了 3 毫米。

单从 3 毫米这个数字上来看，大家可能觉得宇宙仍然很小。但

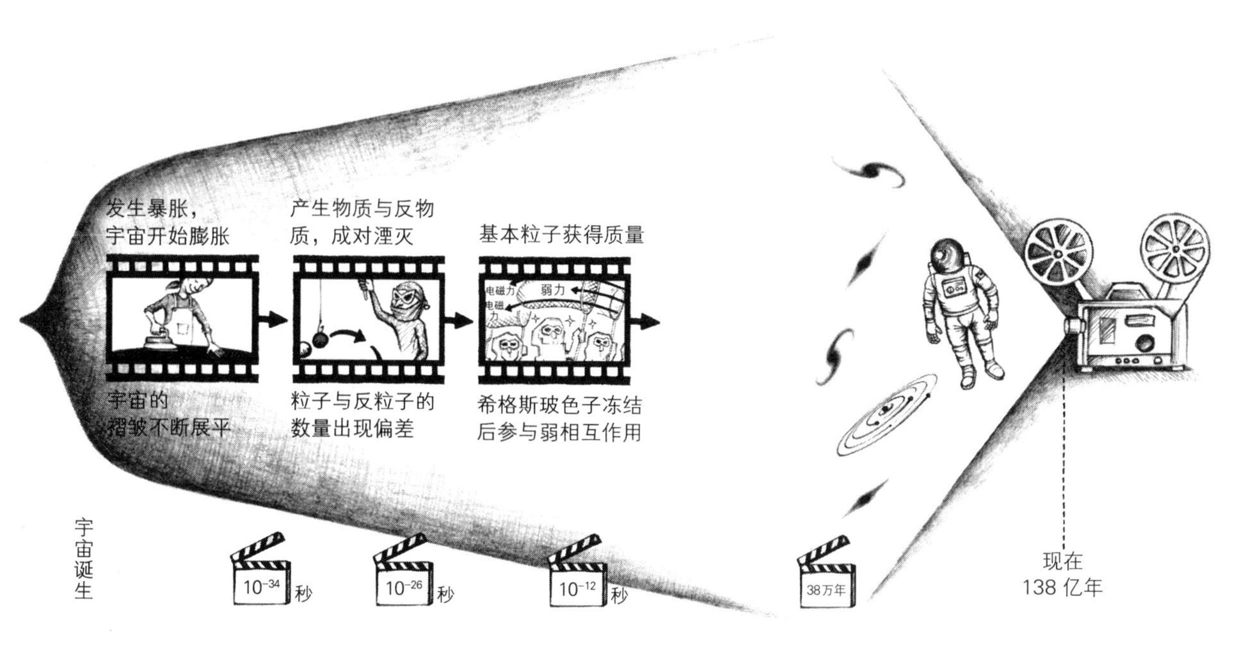

图 7-8 宇宙的形成过程 回首宇宙的发展史，我们可以看到它在不到 1 秒的极短的时间内，上演了一部剧情跌宕起伏的连续剧

是据物理学家推测，宇宙在诞生之初只有 10^{-35} 米，它和 3 毫米竟然相差 30 多位数，因此可以说是暴胀使宇宙规模瞬间暴增了。

发生暴胀现象后的宇宙终于成长为肉眼可见的大小，紧随其后发生的大爆炸让宇宙的能量转变成了光和热。宇宙在瞬间变得十分炙热，并且开始持续地缓慢膨胀起来。当宇宙膨胀至大约 3 千米的大小时，粒子与反粒子之间的数量平衡被打破了。在当时的真空状态下，粒子与反粒子成对产生，如果相互对应的粒子与反粒子发生碰撞就会发生湮灭，两者会成对消亡并转化为能量。我们认为，此时在宇宙中会重复发生这两种粒子的成对产生和湮灭。

但是，如果成对产生和湮灭一直这样持续循环下去，粒子与反粒子就会永远等量地生成和消失。我们要想存在于宇宙之中，粒子与反粒子就必须在某一时刻出现数量差，而正是中微子在此时发挥了非常重要的作用。虽然基本粒子都应该有右旋和左旋两种粒子，但是现阶段研究人员只观测到了左旋的中微子，尚未被发现的右旋中微子很有可能就是反中微子。如果事实果真如此，那么也许是由于中微子与反中微子发生了替换。如果今后我们能明白这种机制，就有可能知晓宇宙中只保留了粒子（物质残存下来而反物质消失）的原因。

总之我们一般认为，在宇宙中等量产生的粒子与反粒子会在某种情况下打破数量平衡，反粒子可能会转变成粒子。即使10亿个反粒子中只有一个转变成了粒子，剩余的9.999 999 99亿个粒子也会与反粒子发生湮灭，这样就残存下两个粒子。正是这种转变导致了恒星和星系的形成，同时这也和人类的诞生息息相关。

当宇宙进一步扩大至1亿千米的大小时，希格斯玻色子进入冻结的状态。就像水蒸气变成了水，继而又变成了冰一样，宇宙被牢牢地冻住了，基本粒子的世界由此产生了秩序，大量基本粒子就此获得了质量。从此以后，宇宙开始持续地缓慢膨胀，并且逐渐冷却下来。不过，此时的宇宙依然炙热，这导致原子核和电子以等离子体的状态继续在宇宙空间杂乱无章地飞舞。在这种状态下，光由于被大量原子核和电子遮挡，所以无法沿直线传播。

暗物质的存在形式与光子、夸克等其他种类的基本粒子相同，但是彼此间的相互碰撞几乎令其全军覆没。不过，当宇宙膨胀至大约100亿千米时，暗物质已经变得非常稀薄，以致它们无法再度碰面，因而相互间的“残杀”也就此停止，残存暗物质的数量便固定下来。我们认为，这就是存留至今的暗物质。

当宇宙膨胀到大约3000亿千米的时候，夸克由于被强力禁锢而转变成了质子和中子。当宇宙扩大至接近30光年的大小时，所有中子都被纳入氦原子核从而形成了氦原子。不过，此时几乎还没有出现比它更大的原子。

在诞生大约 38 万年后，宇宙的状态逐渐稳定了下来，其规模也扩大到 1000 万光年左右。我们虽然说此时的宇宙已经冷却了下来，但实际上它的温度仍然高达 3000 摄氏度，不过这样的温度已经可以黏合原子核和电子以构成原子了。此前在宇宙空间中飞来飞去的等离子体变成了原子，并逐渐聚集在一起。此外，由于宇宙在暴胀期形成了细小的褶皱，而实际在这些褶皱中能量密集的部分聚集着暗物质，所以原子在暗物质的引力作用下也向其靠拢、聚集，于是逐渐形成了恒星，大量恒星聚集在一起又构成了星系。

在宇宙中最先产生的元素是氢和氦。只要分别黏合一个质子和电子就能组成氢，各集结两个质子、中子和电子就能构建氦。此外，氢原子和氦原子向暗物质较多的地方聚集就会形成恒星。氢和氦都是气体，虽然在数量较少时质量很小，但是大量聚集后质量会变大，其自身的质量会使中心部位的密度变得很高。密度高达一定程度后就会引发核聚变反应，恒星会向周围释放出光和热，我们就是由此才能观测到熠熠星光的。核聚变反应最初的燃料是氢原子。黏合四个氢原子以构成一个氦原子的过程会产生巨大的能量，并释放出光和热。如果氢原子消耗殆尽，接下来就要融合氦原子以产生碳原子和氧原子。当氦也消耗殆尽后，燃料就变成了碳和氧，并且会依次产生氖、镁、硅和铁等元素。

如此看来，恒星也是能制造出构成我们身体的元素的机器，不过恒星的核聚变反应能够生成的元素只到铁元素为止，这是因为核聚变反应能够进行到何种程度是由恒星质量决定的。质量不及太阳质量的 8 倍、或者大约为太阳质量 8 倍的恒星会在产生碳和氧的阶段终止核聚变反应，此时的恒星就转变成了白矮星。而质量在太阳 8 倍以上的恒星会将核聚变反应延续至产生铁元素的阶段，最终发生超新星爆发。

超新星爆发为制造比铁元素更重的元素提供了原动力。恒星终止核聚变反应后，其中心部分会逐渐冷却并急剧收缩。这样一来，恒星的中心部位就会具有超高密度，继而引发大爆炸。正是在爆炸过程中产生了大量质量较大的元素。

同时，爆炸过程中产生的气体和星尘也是构成新的恒星的原材料，超新星爆发把它们散布到了宇宙空间之中。这些气体和星尘会聚集到引力较强的地方组建成新的恒星，这些恒星又大量聚集构成了银河系，我们所在的太阳系就位于其中的一个角落。地球是由一部分为形成太阳而聚集起来的气体和星尘构成的，在地球上诞生的人类的身体原本也是在恒星形成的过程中出现的。因此，正如卡尔·萨根所言，我们都是星尘。

我们一般认为，银河系在距今约 100 亿年以前就已经存在了，它通过不断吞噬周围的小星系来扩大规模，而太阳系也是被其吞噬的一部分。小星系在被银河系吞没后会变得杂乱无章而失去原来的形态，此时气体的能量升高就形成了恒星。太阳系就位于如此形成的恒星开发出的“新住宅区”的一个角落。太阳系是在距今约 46 亿年前形成的，如果从宇宙的发展历史来看，可以说这算是比较靠近现在发生的事了。

8.“SuMIRe 项目”与宇宙的过去和未来

那么，今后宇宙将会何去何从呢？由于真空中存在着活跃的能量，所以有人提出了设想，预测该能量最终将会撕裂宇宙。计算结果表明，真空会产生数量惊人的能量，如果事实果真符合预测，那么我们的宇宙最终将会被撕裂，并且不会诞生新的恒星。我认为这真是理论物理学中最糟糕的预言。

至于这个预言是否正确，我想今后不断推进的宇宙研究会给出答案。不过，从人类至今进行的研究来看，我认为宇宙总是发展得比我们想象的顺利。例如，如果引力变得过强，那么恒星将全部变成黑洞，但宇宙却将引力的强度调整到恰到好处的数值。中子的质量也像量身定做一般，如果中子再稍微重一点，那么只有氢元素能存在于宇宙之中，就不会出现地球和人类了。此外，由于真空的能量正在变小，所以宇宙才能膨胀到现在这么大。无论举出什么例子，都是尽善尽美的。

我们身处的宇宙近乎完美。鉴于它如此精雕细琢，有人认为可能会存在多个宇宙，人类所在的宇宙只是其中之一。为了探寻宇宙的真相，我们正在利用望远镜观测更加遥远的宇宙。我们希望能以此获取可靠的数据来重新构建宇宙模型，以验证由人类推测出的宇宙的发展历史是否正确。

为此，物理学家推出了“SuMIRe 项目”，其主要方法是在斯巴鲁望远镜上安装新的照相机和光谱仪对宇宙进行观测。虽然我们在这里提到的“照相机”与大家平时使用的数码相机具有基本相同的原理，但它却是一台分辨率高达 9 亿像素、重达 3 吨的巨型照相机。该照相机的名称为 Hyper Suprime-Cam（HSC），人类可以利用它在 5 年的时间里观测数亿个星系。

由于 Hyper Suprime-Cam 已于 2012 年建成，接下来的工作就是把它安装到斯巴鲁望远镜上开始观测。另外，来自世界各地的研究人员为了制作光谱仪而齐聚一堂，目前他们已经在团队内部确定了具体应该建造什么样的光谱仪。

望远镜捕获的光看上去就像一个白色的点，其实这个点里混杂着从红色到紫色的所有光。如果我们利用光谱仪将其分解，那么就能知晓光的颜色、成分及其含量，通过分析这些数据就可以获知星系发光时宇宙的大小。由于我们可以根据光的明暗程度来测定与星系之间的距离和时间，所以能够据此推测宇宙是如何变大的，换句话说就是可以研究宇宙的膨胀历史，这关乎对宇宙未来命运的预测。但是，利用光谱仪进行测定需要花费大量的时间。如果依次观测每个星系需要 1000 年的时间，所以在该项目中，研究人员将制作出可以一次性观测 1000 个星系的光谱仪，利用这种光谱仪在五年间观测数亿个星系。

通过开展 SuMIRe 项目，研究人员将集中研究大量的星系，因此会进一步了解宇宙过去的模样。我们期待着，通过开展这个项目不仅能探明希格斯玻色子的真身，还能揭示暗物质和暗能量等谜题的真相。

答疑解惑

提问：现阶段，物理学家正在开展有关验证存在超对称粒子和极重的中微子等粒子是否存在的实验吗?

村山：提到超对称粒子的验证，研究者普遍认为人类已知粒子的搭档粒子具有现存粒子加速器能够观测到的质量，因此物理学家正在拼命地寻找超对称粒子。虽然目前尚未发现这种粒子，但由于存在发现它的概率，所以物理学家们会对其进行长达 10 年、20 年的持续探索。

由于极重中微子的搭档粒子的质量也很大，所以人类无法使用粒子加速器来制造这种粒子。此外，搜寻直接证据的工作也异常艰难，因此我们正在努力寻找间接的证据。这就好比利用引力透镜效应来获知暗物质的位置，我们不得不从其他方向思考探寻这种粒子的方法。

后记

当我们远离城市、仰望夜空时，不仅可以看到熟悉的北斗七星、仙后座和猎户座，还能看见银河系中的众多恒星。我想大家此时或许都曾沉思过一些根源性的问题，比如我们究竟为何能够存在于如此浩瀚的宇宙之中，以及我们到底是如何在宇宙中诞生的。我既不是哲学家也不是生物学家，不过我和像我一样的物理学家却十分清楚一点，那就是如果没有“材料”，人类就不会诞生，并且这个“材料”的问题是与宇宙本身息息相关的。

首先我们要知道，物质世界和人类的存在到底需要怎样的“材料”呢？我们的身体由细胞组成，细胞又是由几十种原子通过极其复杂的结合方式构成的。此外，我们身体的三分之二大约是水。我们通过研究发现，构成人类身体的元素由多到少依次为氧、碳、氢、氮、钙、磷、硫、钾、钠。红细胞中的铁也非常重要，如果其含量不足就会导致贫血。其次，我们关心的是这些化学元素从何而来。

令人惊讶的是，这些化学元素几乎全部都是几十亿年前恒星爆炸产生的星尘。在宇宙形成初期，元素的种类很少，只有氢、氦，以及极其微量的锂。这三种元素也是位列元素周期表前三位的元素。对人类而言十分重要的氧、碳和铁等元素则是在恒星发生核聚变反应的过程中黏合氢或氦产生的，但是它们在恒星中无法用作构成人体的材料。我们知道，恒星会在生命的终点发生“超新星爆发”，这种爆发会把元素散布到宇宙空间中，这些元素再次聚集之后才能形成太阳、地球以及我们的身体。因此，人类的存在与宇宙的开端有着直接的联系。

但是，问题并未就此了结。在宇宙形成初期，构成恒星的材料——氢和氦——又是从哪里来的呢？其实，在宇宙发生大爆炸后的最初一秒内氢和氦还都不存在。当时的温度在 100 亿摄氏度以上，如此炙热的环境让构成原子的质子和中子也分解成了夸克。此时的宇宙是一锅充满电子、夸克、中微子、光子、胶子这些基本粒子的热汤。

在这里我们又遇到了一个难题。当我们在实验室中利用基本粒子加速器再现大爆炸时，会发现在能量生成物质时也必然成对生成反物质，这就意味着宇宙发生大爆炸时也一定同时产生了物质与反物质。这里所说的反物质并不只在科幻小说中出现，大家也有可能接触过它。医院有一种检查身体内部功能的“正电子发射计算机断层扫描”（positron emission computed tomography，简称 PET），这里的 P（positron）就是指电子的反物质——正电子。反物质一旦与物质相遇就会成对湮灭并转化成能量，我们正可以通过捕获这些以光子形式发散的能量来检查身体的内部情况。也就是说，能量可以成对生成物质与反物质，物质与反物质相遇后又成对湮灭转变成能量。

这样说来，高能的大爆炸也应该产生了等量的物质与反物质，如果此后物质与反物质全部发生湮灭并且转变成了能量，宇宙应该变得空空如也才对。那么，我们又为什么能存在于宇宙之中呢?

物质要想残存下来，其数量就不得不比反物质多，也就是说，需要稍微打破大爆炸产生的物质与反物质之间的数量平衡。计算结果显示，物质大约比反物质多十亿分之二。我们普遍认为，正是中微子这种基本粒子在此发挥了重要的作用。

因此，中微子这种幽灵般的基本粒子俨然成为了本书的主角。当然，重要的角色还有难以捉摸的中性微子、制造出物质世界的暴胀以及比原子还要微小的初生宇宙。我们的存在，正是那个微小的宇宙和其中微小的基本粒子的馈赠。

我希望能通过本书来回顾令人感动的物质世界的诞生史。当大家再次仰望夜空时，也不妨回想一下那微小的初生宇宙，以及存在于其中的基本粒子。

最后，请允许我向两位相关的工作人员表示感谢，他们分别是耐心等待我交稿的小泽久编辑，以及为本书做出精妙总结的撰稿人荒船良孝先生。此外，我将把这本书的全部版税捐赠给 IPMU。

村山齐

版权声明